Diese Mitteilungen setzen eine von Erich Regener begründete Reihe fort, deren Hefte am Ende dieser Arbeit genannt sind.

Bis Heft 19 wurden die Mitteilungen herausgegeben von J. Bartels und W. Dieminger. Von Heft 20 an zeichnen W. Dieminger, A. Ehmert und G. Pfotzer als Herausgeber.

Das Max-Planck-Institut für Aeronomie vereinigt zwei Institute, das Institut für Stratosphärenphysik und das Institut für Ionosphärenphysik.

Ein **(S)** oder **(I)** beim Titel deutet an, aus welchem Institut die Arbeit stammt.

Anschrift der beiden Institute:

3411 Lindau

ÜBER DIE ABSORPTIONS- UND EMISSIONSSTRAHLUNG

DER ATMOSPHÄRISCHEN OZONSCHICHT

BEI DER WELLENLÄNGE 9,6 µ

von

HORST SPECHT

ISBN 978-3-540-03929-7   ISBN 978-3-642-48007-2 (eBook)
DOI 10.1007/ 978-3-642-48007-2

Inhaltsverzeichnis

1. Einleitung und Problemstellung .... Seite 5

2. Das atmosphärische Ozon und die Methoden zu seiner Bestimmung ... 6
   - 2.1 Historischer Überblick 6
   - 2.2 Messung des gesamten Ozonbetrages 7
   - 2.3 Messung der vertikalen Ozonverteilung 8
   - 2.4 Temperaturmessungen 11

3. Aufbau der Meßapparatur und Messung 12
   - 3.1 Heliostat 12
   - 3.2 Ultrarotspektrograph 14
   - 3.3 Zerhacker und Gleichrichter 16
   - 3.4 Vorverstärker, Verstärker und Schreiber 16
   - 3.5 Der Meßvorgang 16

4. Das Ozonspektrum im ultraroten Spektralbereich 17

5. Meßergebnisse 18
   - 5.1 Auswertung der gemessenen Spektren 18
   - 5.2 Bestimmung des mittleren Absorptionskoeffizienten $\bar{a}$ und des Ozonwertes x 22
   - 5.3 Ansatz eines Schichtenmodells für das atmosphärische Ozon 25
   - 5.4 Vergleich der berechneten Strahlungsleistungen mit den tatsächlich gemessenen 32

6. Zusammenfassung 37

   Summary 39

   Literaturverzeichnis 40

1. Einleitung und Problemstellung

Während die Absorptionskoeffizienten des Ozons im ultravioletten und sichtbaren Spektralbereich hinreichend genau bekannt sind, fehlen für die Rotationsschwingungsbanden im Ultraroten diesbezügliche Angaben in der Literatur. Das rührt daher, daß die Absorption bei diesen Wellenlängen druck- und temperaturabhängig ist und somit der Absorptionskoeffizient nur für konstanten Druck und konstante Temperatur definiert ist. Dennoch versuchte man in den letzten 25 Jahren in steigendem Maße, diese Eigentümlichkeiten der Ultrarotabsorption bei der Untersuchung der Vorgänge in der Atmosphäre auszunutzen. So ermittelte ADEL [1947] aus kombinierten Emissions- und Absorptionsmessungen innerhalb der 9,6 μ Bande eine mittlere Temperatur der atmosphärischen Ozonschicht. DieseTemperatur hat nur dann einen physikalischen Sinn, wenn das Kirchhoffsche Gesetz in der Atmosphäre gilt und die Ozonschicht isotherm ist. Wie später gezeigt wird, ist die Gültigkeit des Kirchhoffschen Gesetzes bis herauf zu einer Höhe von 50 km erfüllt. Die Annahme einer isothermen Ozonschicht ist dagegen nicht gewährleistet, da sich das atmosphärische Ozon nicht in einer dünnen homogenen Schicht befindet, sondern je nach Jahreszeit ein oder zwei Maxima in verschiedenen Höhen auftreten, in denen verschiedene Temperaturen herrschen.

Infolge der Druck- und Temperaturabhängigkeit ist es nicht ohne weiteres möglich, aus der atmosphärischen Absorptionsbande bei 9,6 μ direkt auf die über dem Beobachtungsort befindliche Gesamtozonmenge zu schließen. Kennt man aber einerseits diesen Ozonbetrag x aus Messungen im ultravioletten Spektralbereich und andererseits die Druckabhängigkeit der Ultrarotbande, so kann man aus der gemessenen Absorption einen mittleren Druck bestimmen, unter dem die Ozonschicht steht. Auf diese Weise ist STRONG [1941] vorgegangen, der in Laborversuchen die Absorption innerhalb der 9,6 μ Bande bei Drucken bis herab zu 8 mb gemessen hat und dann aus der atmosphärischen Absorption einen mittleren Druck und damit eine mittlere Höhe der Ozonschicht ermitteln konnte.

Es stellte sich nun die Frage, ob es nicht möglich wäre, allein aus den Absorptionsmessungen im Ultraroten den Ozonbetrag x in der Atmosphäre abzuleiten. Folgende Überlegung half hier weiter:

Wenn man die Schwächung eines von der Sonne kommenden Lichtstrahls innerhalb der Erdatmosphäre abschätzen will, so kann man den Höhenbereich bis 50 km, in dem sich praktisch alles Ozon befindet, in eine beliebige Anzahl von Schichten aufteilen und jeder Schicht einen unbekannten, vom Druck in dieser Schicht abhängenden Absorptionskoeffizienten zuordnen. Die Absorption des Lichtstrahls hängt dann in jeder einzelnen Schicht vom dort herrschenden Absorptionskoeffizienten und von der Ozonmenge ab. Summation über alle Schichten ergibt die Gesamtabsorption, der man entsprechend einen mittleren Absorptionskoeffizienten zuordnen kann.

Die Problemstellung dieser Arbeit ist es also zu untersuchen, ob der Ansatz eines derart definierten mittleren Absorptionskoeffizienten gerechtfertigt ist und ob seine Anwendung bei der Messung zu vernünftigen Ozonbeträgen führt. Ferner wird dann mit Hilfe der erwähnten Messungen von STRONG versucht werden, die Absorptionskoeffizienten für verschiedene Höhen über dem Erdboden, also für verschiedene Drucke, zu berechnen und mit diesen Absorptionskoeffizienten ein Schichtenmodell für das atmosphärische Ozon anzusetzen. Schließlich wird die gesamte vom Ozon in einen definierten Raumwinkel ausgestrahlte Energie berechnet und mit der wahren, am Erdboden gemessenen verglichen.

2. Das atmosphärische Ozon und die Methoden zu seiner Bestimmung

2.1 Historischer Überblick

Seit der Registrierung von Sonnen- und Sternspektren weiß man, daß sie unterhalb einer Wellenlänge von 3000 Å abbrechen. CORNU vermutete als erster den Grund: Absorption in der Erdatmosphäre. HARTLEY, der sich lange Zeit seines Lebens mit Ozonproblemen beschäftigte, entdeckte 1880 eine breite Absorptionsbande des Ozons bei 2600 Å, die später nach ihm benannt wurde. Er nahm an, daß diese Bande für den Abbruch der Spektren bei 3000 Å verantwortlich war. Diese Vermutung wurde schließlich von FOWLER und STRUTT im Jahre 1917 bestätigt: Die beiden Autoren konnten zeigen, daß bestimmte, von HUGGINS im Spektrum des Sirius gefundene Banden bestimmten Banden im Ozonspektrum genau entsprachen. Die ersten Messungen der vertikalen Ozonverteilung wurden 1934 gleichzeitig von E. REGENER und V.H. REGENER sowie GÖTZ, MEETHAM und DOBSON gemacht. Erstere schickten ein Sonnenspektroskop mit einem Ballon in 31 km Höhe, letztere erhielten ihre Ergebnisse aus Sternlichtmessungen vom Zenit. Die Übereinstimmung zwischen den Ergebnissen der verschiedenen Meßmethoden war erstaunlich gut. Die erste Theorie über die Bildung des atmosphärischen Ozons, verfaßt von CHAPMAN, erschien bereits 1930. Inzwischen wurde sie von vielen Autoren verbessert und erweitert.

Gasförmiges Ozon absorbiert im ultravioletten, sichtbaren und ultraroten Spektralbereich. Das Hauptkennzeichen des ultravioletten Spektrums ist, wie schon erwähnt, das breite System der Hartley-Banden, das sich von 1800 Å bis 3000 Å erstreckt. An der langwelligen Seite der Hartley-Banden schließen sich die Huggins-Banden an, die im Spektralbereich zwischen 3100 Å und 3500 Å liegen. In Abb. 1 sind nach CRAIG [1950] unter Berücksichtigung aller Labormessungen die Absorptionskoeffizienten in Abhängigkeit von der Wellenlänge angegeben. Allerdings erscheint hierbei die Struktur der Huggins-Bande sehr verwaschen, die in Abb. 2 mit größerer Auflösung wiedergegeben ist. Im sichtbaren Spektralbereich liegen die Chappuis-Banden zwischen 4400 Å und 7400 Å.

Alle sichtbaren und ultravioletten Banden sind verbunden mit Elektronenübergängen, und für genügend enge Spektralbereiche gilt das Lambert-Beersche Absorptionsgesetz, d.h. der Absorptionskoeffizient ist nicht druckabhängig. Dagegen sind diese Elektronenbanden temperaturabhängig. VASSY [1935] hat Absorptionsmessungen in den Maxima und Minima der Huggins-Banden bei Temperaturen von -80°C und +20°C gemacht und gefunden, daß die Absorptionsminima stark temperaturabhängig sind, während die Maxima keine

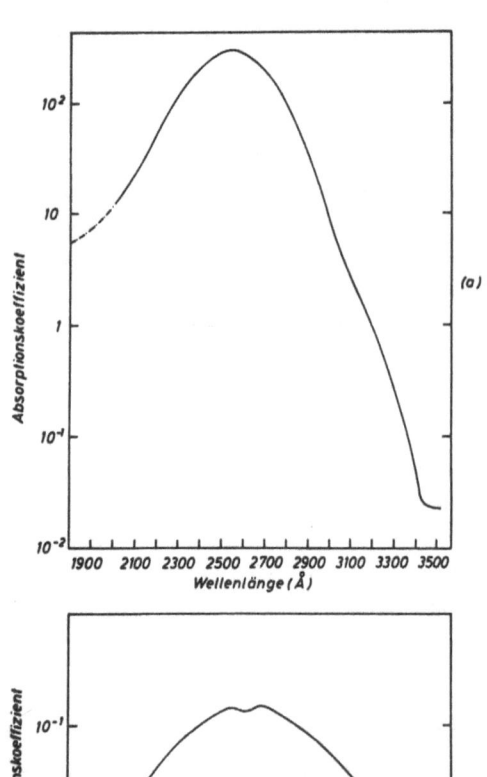

Abb. 1: a) die Hartley- und Huggins-Banden,
b) die Chappuis-Banden
[nach CRAIG, 1950]

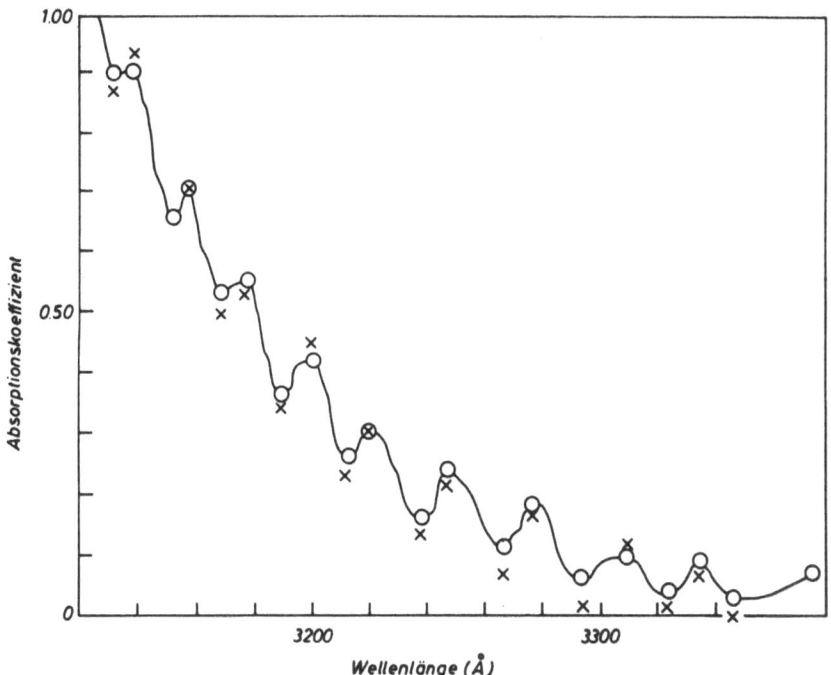

Abb. 2: Die Feinstruktur der Huggins-Banden [nach BARBIER, CHALONGE und VASSY, 1935]. o = Messungen bei Zimmertemperatur, x = Messungen der atmosphärischen Transmission.

Temperaturabhängigkeit zeigen. Auch die Absorption in den Chappuis-Banden ist temperaturabhängig, wie VASSY [1937] zeigen konnte.

Die Absorptionskoeffizienten von Ozon in den verschiedenen Wellenlängenbereichen wurden im Labor bei großen Konzentrationen (praktisch 100 %) bestimmt. Zu erwähnen sind hier vor allem die Messungen von Ch. FABRY und M. BUISSON [1913], A. VASSY [1941], E. C. Y. INN und Y. TANAKA [1953] und E. VIGROUX [1953]. Da man es jedoch in der Natur mit Konzentrationen von höchstens 1000 γ Ozon pro Kubikmeter Luft oder 1 mgO_3/m^3 zu tun hat, bestimmte H. SCHRÖPL [1961] den Absorptionskoeffizienten von Ozon bei der Wellenlänge 2894 Å für Konzentrationen von etwa 2 mgO_3/m^3, um die für diesen Konzentrationsbereich vorausgesetzte Gültigkeit des Lambert-Beerschen Gesetzes direkt zu bestätigen. Die chemische Analyse wurde mit Hilfe des mikrochemischen Verfahrens von A. EHMERT [1949] durchgeführt.

Im ultraroten Spektralbereich hat Ozon drei intensive Rotationsschwingungsbanden und eine Anzahl schwächerer Obertonbanden. Auf diesen Teil des Spektrums wird in einem späteren Kapitel genauer eingegangen.

2.2 Messung des gesamten Ozonbetrages

Die Methode, aus der Absorption im ultravioletten Spektralbereich den gesamten Ozonbetrag in der Atmosphäre zu ermitteln, wurde von FABRY und BUISSON [1921] entwickelt und später von DOBSON und HARRISON [1926] und DOBSON [1931] verfeinert. Man mißt das Intensitätsverhältnis zweier Wellenlängen, wobei Ozon bei der einen Wellenlänge (λ_1) stark, bei der anderen (λ_2) schwach absorbiert.

Der Logarithmus des Intensitätsverhältnisses ergibt sich, wenn $\lambda_1 < \lambda_2$ ist zu

$$\log \frac{I(\lambda_1)}{I(\lambda_2)} = \log \frac{I_o(\lambda_1)}{I_o(\lambda_2)} - [M(\beta_1 - \beta_2) - D(\delta_1 - \delta_2)] \sec \vartheta - x(\alpha_1 - \alpha_2) \sec \vartheta_h \qquad (1)$$

$I_o(\lambda_1)$, $I_o(\lambda_2)$ sind die extraterrestrischen Strahlungsleistungen des Sonnenlichtes bei den entsprechenden Wellenlängen, β_1, β_2 die dekadischen Extinktionskoeffizienten der Rayleighstreuung, δ_1, δ_2 die dekadischen Extinktionskoeffizienten des atmosphärischen Dunstes, M ist die zenitale Luftmasse, D die zenitale Dunstmasse, α_1, α_2 die dekadischen Absorptionskoeffizienten des Ozons, x die über dem Erdboden befindliche totale Ozonmenge in cm (auf Normaldruck 760 mm Hg und $0°C$ reduzierte Schichtdicke), ϑ ist der Zenitwinkel der Sonne am Erdboden, ϑ_h der Zenitwinkel der Sonne in der Nähe des Gravitationszentrums der Ozonschicht. Da die Streuung hauptsächlich in der Nähe des Erdbodens auftritt, gilt hier der am Erdboden gemessene Zenitwinkel ϑ, während die Ozonabsorption überwiegend in 25 km Höhe stattfindet, und für eine gekrümmte Atmosphäre der Zenitwinkel eine Funktion der Höhe ist. Es gilt die Beziehung:

$$\sin \vartheta_h = \frac{\sin \vartheta}{1 + \frac{h}{R}} \qquad (2)$$

R ist der Radius der Erde, h die mittlere Höhe der Ozonschicht.

Nimmt man an, daß die Extinktionskoeffizienten des atmosphärischen Dunstes für beide Wellenlängen gleich sind, also $\delta_1 = \delta_2$, so fällt in obiger Gleichung der Beitrag der Dunstextinktion fort. Die Werte von $\log I_o(\lambda_1)/I_o(\lambda_2)$ (die sog. extraterrestrische Konstante) und h werden durch das Experiment bestimmt. Man rechnet damit, daß während eines ruhigen Tages der Ozonbetrag konstant bleibt und mißt das Verhältnis $I(\lambda_1)/I(\lambda_2)$ in Abhängigkeit vom Zenitwinkel der Sonne. Es läßt sich dann ein Wert für die Höhe h finden, der zu einer linearen Beziehung zwischen

$$\log \frac{I(\lambda_1)}{I(\lambda_2)} + (\beta_1 - \beta_2) \sec \vartheta \text{ und } \sec \vartheta_h \text{ führt.}$$

Der Wert für $\vartheta = 0$ ergibt die extraterrestrische Konstante $\log I_o(\lambda_1)/I_o(\lambda_2)$. Eines der Standardinstrumente für die Messung des Quotienten $\log I(\lambda_1)/I(\lambda_2)$ ist das von DOBSON [1931] entwickelte Spektrophotometer.

2.3 Messung der vertikalen Ozonverteilung

Mißt man mit einem Dobson-Spektrophotometer nicht das direkte Sonnenlicht, sondern das Streulicht vom Zenit, so zeigt sich, daß bei Sonnenhöhen unterhalb von $9°$, im Gegensatz zu den größeren Sonnenhöhen, mit sinkender Sonne die kurzwelligeren Strahlungsanteile relativ zu den langwelligeren wieder zunehmen. Dieser zunächst überraschende Effekt wird als Götz-Effekt (Umkehreffekt) bezeichnet. Er erklärt sich leicht anschaulich aus Abb. 3. Wir betrachten zwei Niveaus oberhalb und unterhalb der Ozonschicht und bezeichnen sie mit den Indices 1 und 2. Das Streulicht vom Zenit, das am Erdboden empfangen wird, ist der Anzahl der Moleküle n pro cm^3 in der betreffenden Höhe proportional und hängt von der atmosphärischen Absorption ab. Das aus dem unteren Niveau 2 stammende Streulicht ist somit proportional $n_2 \cdot 10^{-\alpha x \sec \vartheta}$, das aus dem oberen Niveau 1 stammende proportional $n_1 \cdot 10^{-\alpha x}$. Wenngleich die Anzahl der Moleküle n mit der Höhe schnell abnimmt, so wird doch bei genügend großem Zenitwinkel ϑ

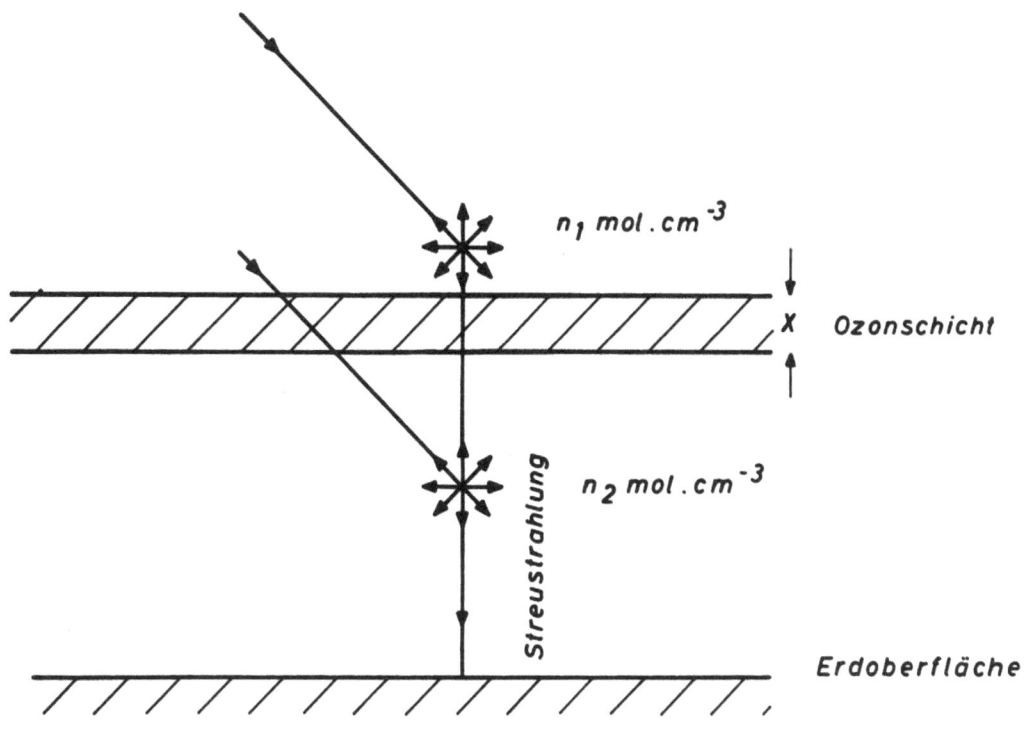

Abb. 3: Die Ursache des Umkehreffektes.

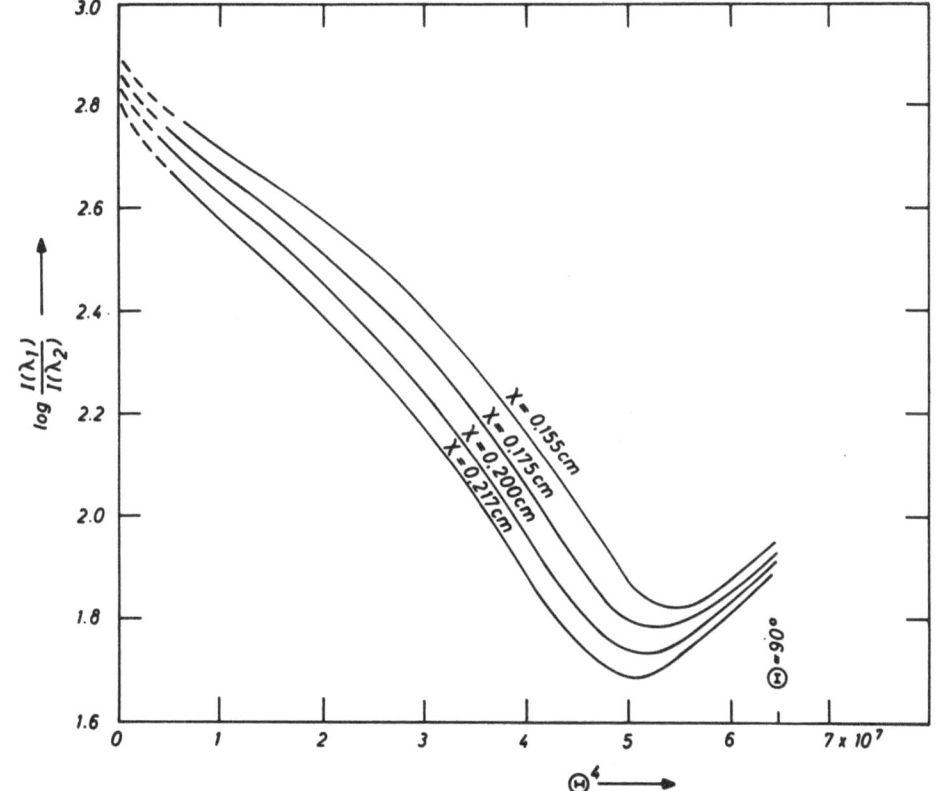

Abb. 4: Der Umkehreffekt, gemessen in Delhi [nach KARANDIKAR und RAMA-NATHAN, 1949]. x = Gesamtozonbetrag, ϑ = Zenitwinkel der Sonne.

mehr Streulicht vom oberen als vom unteren Niveau empfangen werden. Das heißt aber, der Quotient $I(\lambda_1)/I(\lambda_2)$ nimmt wieder zu. Abb. 4 zeigt die Abhängigkeit dieses Quotienten vom Zenitwinkel.

Es gelingt nun, wie GÖTZ [1931] gezeigt hat, aus den Umkehrkurven mittels zweier verschiedener Auswerteverfahren die vertikale Ozonverteilung abzuleiten. Beim synthetischen Verfahren wird die Atmosphäre in verschiedene Schichten eingeteilt und werden die in den einzelnen Höhen versuchsweise angenommenen Ozonmengen so lange variiert, bis die daraus abgeleitete Umkehrkurve mit der gemessenen übereinstimmt. Beim analytischen Verfahren werden die einzelnen Ozonbeträge in den verschiedenen Schichten aus einem Gleichungssystem bestimmt. Die Methode des Umkehreffektes gibt die Ozonverteilung allerdings nur in groben Zügen wieder, irgendwelche Feinheiten lassen sich aus ihr nicht ableiten.

Eine genauere Bestimmung der vertikalen Ozonverteilung läßt sich durch direkte Messung mit Hilfe von Ballonaufstiegen erreichen. Diese Methode wandten zum ersten Mal E. REGENER und V. H. REGENER [1934] an. Ein kleines UV-Spektrometer mit einem Quarzprisma lieferte in verschiedenen Höhen Sonnenspektren, die photographisch registriert wurden. Aus diesen Spektren konnte die jeweils über dem Ballon befindliche Ozonmenge ermittelt werden. Heute werden an vielen Stationen der Erde routinemäßig Ballonaufstiege mit Ozon-Radiosonden gemacht, die laufend Daten über die Ozonkonzentration oder die über dem Ballon befindliche Ozonmenge zur Erdoberfläche funken.

Eine weitere Methode zur Bestimmung der vertikalen Ozonverteilung ist die der Mondfinsternisse. Hierbei wird die auf dem Mond senkrecht zur Schattengrenze im Erdschattenraum herrschende Helligkeitsverteilung im Spektralbereich der Chappuis-Bande gemessen [PAETZOLD, 1955]. Man kann daraus die Ozonverteilung ableiten, wenn man vorher die Helligkeitsverteilung, die ohne Ozon im Erdschatten - raum herrschen würde, berechnet hat. Die theoretischen Grundlagen hierfür sind von LINK [1932, 1948] entwickelt worden.

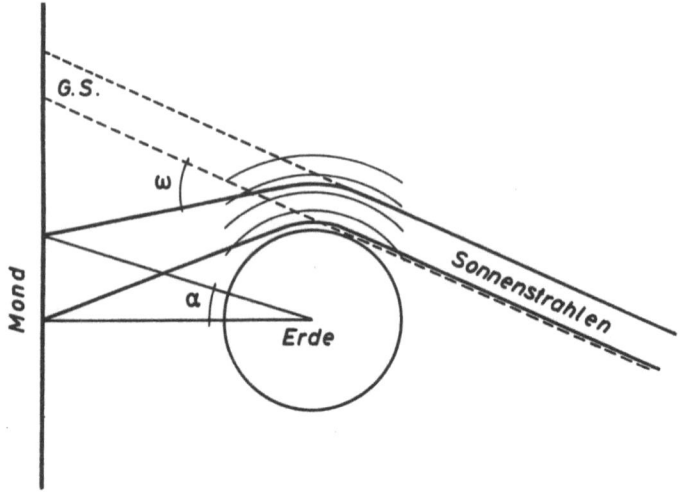

Abb. 5: Schematische Darstellung des Strahlenganges während einer Mondfinsternis. ω = Brechungswinkel, G.S. = geometrischer Schatten.

Abb. 5 zeigt schematisch, wie die Sonnenstrahlung, die durch die Erdatmosphäre geht, durch Streuung, Absorption und Brechung verändert wird. Die Streuung in der oberen Atmosphäre soll laut Annahme nur an Molekülen stattfinden und kann daher mit einiger Genauigkeit berechnet werden. Durch den Brechungseffekt wirkt die Erdatmosphäre wie eine große divergente Linse, die in Mondentfernung eine merkliche Verbreiterung der von der Sonne kommenden Lichtbündel hervorruft. Das ist tatsächlich eine der interessantesten Methoden zur Bestimmung des Ozons in großen Höhen, also oberhalb des Maximums, und außerdem kann sie ohne großen apparativen Aufwand betrieben werden. Leider sind aber Mondfinsternisse unter idealen Beobachtungsbedingungen selten.

2.4 Temperaturmessungen

Solche Messungen können nicht nur mit Hilfe der Huggins-Banden, wie oben erwähnt, gemacht werden; dazu eignet sich auch die Rotations-Schwingungsbande des Ozons im Ultraroten bei 9,6 µ. Sie liegt zufällig in der Nähe des Strahlungsmaximums eines schwarzen Körpers, der sich auf normaler terrestrischer Temperatur befindet. Die Emissionstemperatur T der Ozonschicht ist definiert durch die Beziehung:

$$I_{\lambda, T} = A_\lambda \cdot E_{\lambda, T} \qquad (3)$$

$I_{\lambda, T}$ ist die von der Ozonschicht im Wellenlängenintervall λ bis $\lambda + \Delta\lambda$ ausgestrahlte Energie, A_λ ist das Absorptionsvermögen der ganzen Schicht und $E_{\lambda, T}$ ist die Plancksche Funktion für die Emission eines schwarzen Körpers. Diese Temperatur hat nur dann einen klaren Sinn, wenn das Kirchhoffsche Gesetz gilt und sich das ganze Ozon auf gleicher Temperatur befindet. In diesem Fall sind Emissionstemperatur und gaskinetische Temperatur gleich. Obwohl das Kirchhoffsche Gesetz ursprünglich für Hohlraumstrahlung abgeleitet wurde, konnte MILNE [1930] seine Gültigkeit für ein nicht eingeschlossenes Strahlungsfeld zeigen, vorausgesetzt, daß die gaskinetische Temperatur definiert ist (d.h. eine Maxwellsche Geschwindigkeitsverteilung existiert) und daß die Energieniveaus, die für Absorption und Emission verantwortlich sind, im thermischen Gleichgewicht sind (d.h. entsprechend dem Boltzmannschen Gesetz besetzt sind). Nach SPITZER [1949] gilt das Maxwellsche Verteilungsgesetz innerhalb der ganzen Stratosphäre. Die Forderung nach thermischem Gleichgewicht zwischen den Energieniveaus wurde von MILNE [1930] auf folgende Bedingung reduziert: Die Löschung angeregter Zustände durch unelastische Stöße soll schneller erfolgen als durch spontane und strahlungsinduzierte Übergänge. Beim Vergleich von Schwingungs- mit Rotationsübergängen zeigt sich, daß angeregte Rotationsniveaus längere Lebensdauern haben als angeregte Schwingungsniveaus und daß der Wirkungsquerschnitt für unelastische Stöße viel größer ist. Daher muß nur die Besetzung der Schwingungsniveaus kritisch geprüft werden.

In Tabelle 1 sind die natürlichen Lebensdauern einiger angeregter Zustände angegeben. Daraus geht hervor, daß die Übergangsrate angeregter Zustände durch spontane Emission größenordnungsmäßig 10 pro sec und Molekül beträgt. Nach ZENER [1931] und HENRY [1932] errechnet sich im Gegensatz hierzu eine Übergangsrate angeregter Zustände durch unelastische Stöße von etwa 400 pro sec und Molekül in 32 km Höhe und 7 pro sec und Molekül in 62 km Höhe. Man sieht also, daß das Kirchhoffsche Gesetz bis herauf zu 50 km Höhe auf jeden Fall Gültigkeit besitzt.

Tabelle 1

Gas	Bandenzentrum [µ]	Lebensdauer [sec]
H_2O	6,3	$6 \cdot 10^{-2}$
N_2O	7,8	$9 \cdot 10^{-2}$
CO_2	15	$4 \cdot 10^{-1}$

ADEL hat vom März bis Juli 1948 in einer Serie von 138 Beobachtungen die Emissionstemperatur der Ozonschicht ermittelt. Messungen, die am gleichen Tag in Abständen von Stunden gemacht wurden, zeigten nur geringfügige Unterschiede. Die gefundenen Temperaturen liegen innerhalb der Grenzen $227° - 243°$ K und deuten auf eine beachtliche Konstanz der stratosphärischen Temperatur hin. Da die atmosphärische Ozonschicht keineswegs isotherm ist, können die von ADEL angegebenen Emissionstemperaturen nur Mittelwerte darstellen. Das Ziel der vorliegenden Arbeit ist es nun, die aus Emissionsmessungen am Erdboden indirekt errechnete mittlere Emissionstemperatur der Ozonschicht mit gleichzeitigen direkten Temperaturmessungen in der Atmosphäre zu vergleichen. Dabei wird sich zeigen, ob aus der mittleren Emissionstemperatur ohne weiteres auf die Höhe der maximalen Ozonkonzentration geschlossen werden kann. Im folgenden soll die in Lindau/Harz verwandte Meßapparatur beschrieben werden.

3. Aufbau der Meßapparatur und Messung

3.1 Der Heliostat

Unter einem Heliostat versteht man eine Spiegelvorrichtung, die dazu dient, den Sonnenstrahlen trotz der scheinbaren Bewegung der Sonne eine gewünschte feste Richtung zu geben. Unter den verschiedenen Konstruktionsmöglichkeiten wurde die in Abb. 6 und 7 dargestellte ausgewählt.

Abb. 6: Ansicht des Heliostaten

Eine Achse (Stundenachse), die parallel zur Erdachse verläuft, dreht sich mit Hilfe eines Elektromotors in 24 Stunden einmal um sich selbst. Sie trägt auf ihrem oberen Teil eine Gabel, zwischen deren Enden ein ebener Spiegel so angebracht ist, daß er um eine zur Erdachse senkrechte Achse gedreht und in jeder beliebigen Neigung gegen die Erdachse festgehalten werden kann. Der Spiegel besteht aus veraluminisiertem Quarz, hat einen Durchmesser von 40 cm und eine Stärke von 6 cm. Er wird so gestellt, daß der einfallende Strahl parallel zur Erdachse in Richtung auf den Nordpol des Himmels reflektiert wird. Wie groß die Neigung der Spiegelebene gegen die Erdachse sein muß, ergibt sich aus folgender Betrachtung:

In Abb. 8 sei PP' die Richtung der Erdachse, O der Mittelpunkt des Spiegels, RO der einfallende Strahl. Die Poldistanz der Sonne, d.h. den Winkel ROP' bezeichnen wir mit φ. Da Od das Einfallslot ist, muß der Winkel dOP' = $1/2\,\varphi$ sein. Damit ergibt sich für den Winkel x, welchen die Spiegelebene SS' mit der Erdachse PP' bildet, der Wert:

$$x = 90^\circ - 1/2\,\varphi \qquad \text{oder} \qquad x = \frac{90^\circ + \delta}{2}$$

wenn $\delta = 90^\circ - \varphi$ die Sonnendeklination ist.

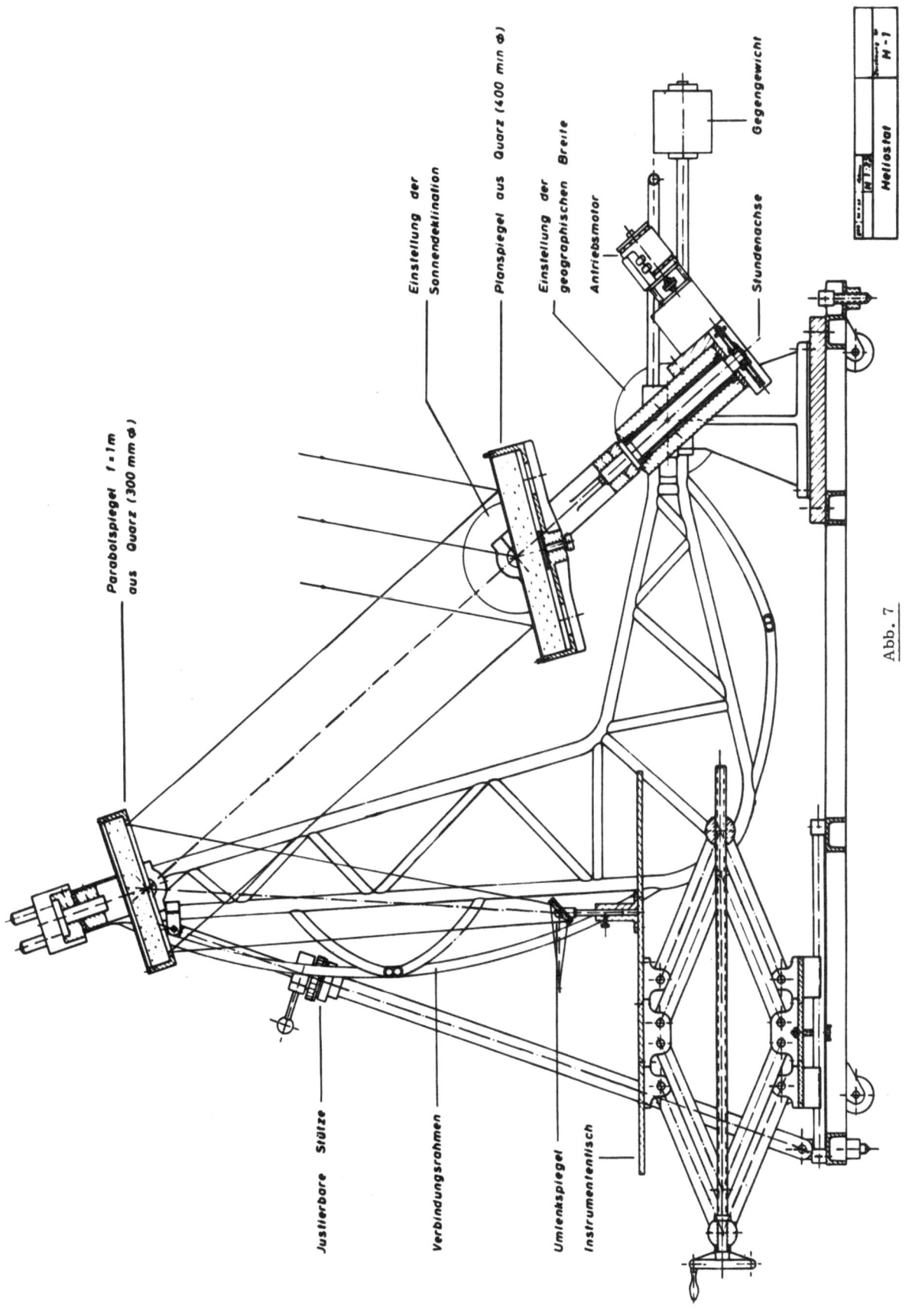

Abb. 7

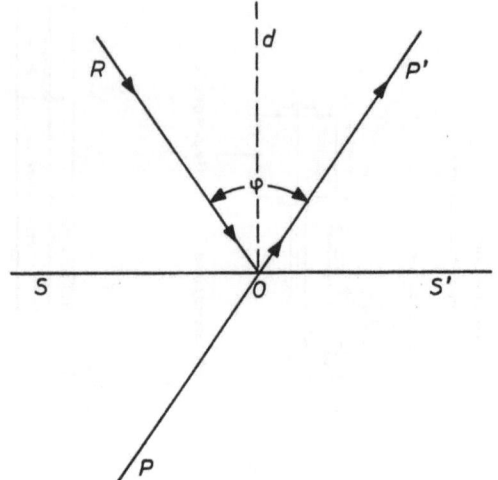

Die parallel zur Erdachse reflektierten Sonnenstrahlen fallen auf einen 100 cm entfernten Parabolspiegel (Durchmesser 30 cm, Stärke 5 cm, Brennweite 100 cm), der mit Hilfe eines Rohrgestänges so gehalten wird, daß die Verlängerung der Stundenachse durch seinen Mittelpunkt geht. Das Rohrgestänge ist um eine horizontale Achse drehbar angebracht, zu dem Zweck, den Heliostaten an Orten verschiedener geographischer Breite benutzen zu können. Die von dem Parabolspiegel unter einem verstellbaren Winkel nach unten reflektierten Sonnenstrahlen werden schließlich durch einen kleinen Umlenkspiegel von 5 cm Durchmesser auf den Eintrittsspalt des Spektrometers geworfen. Das ganze Spiegelsystem ist auf einem fahrbaren Untersatz montiert.

Abb. 8: Strahlengang beim Heliostaten

3.2 Der Ultrarot-Spektrograph

Als Monochromator wurde das Modell 12 C der Firma Perkin Elmer in Norwalk, Connecticut, USA, verwandt. Sein Aufbau ist aus Abb. 9 ersichtlich. Durch den Eintrittsspalt S_1 fällt die Strahlung auf den Parabol- oder Kollimatorspiegel M_1 und von dort durch ein Natriumchlorid- (Steinsalz-) Prisma P auf den Littrow-Spiegel L. Durch kontinuierliche Drehung dieses Littrow-Spiegels kann der interessierende Spektralbereich durchlaufen werden. Nach nochmaligem Durchgang durch das Natriumchlorid-Prisma wird das Spektrum der Strahlung über den Umlenkspiegel M_2 auf die Ebene des Austrittsspaltes S_2 fokussiert. Die Bandbreite der den Spalt passierenden Strahlung hängt von der Spaltbreite ab, die Wellenlänge von der jeweiligen Stellung des Littrow-Spiegels. Der divergierende Strahl wird schließlich durch den Ellipsoidspiegel M_3 auf den Detektor, ein Thermoelement T, vereinigt. Das verwandte Steinsalz-Prisma ist im Spektralbereich von 1 - 15 µ durchlässig. Der Spektrograph wird während der Messungen durch einen Thermostaten auf einer Temperatur von 25°C gehalten.

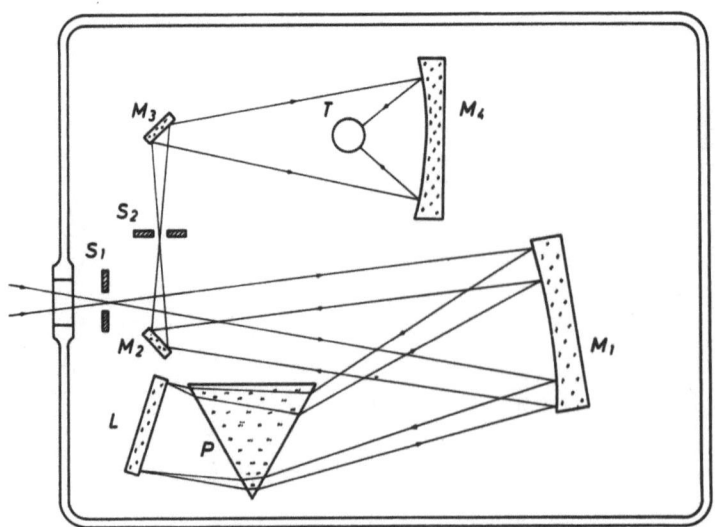

Abb. 9: Monochromatoraufbau

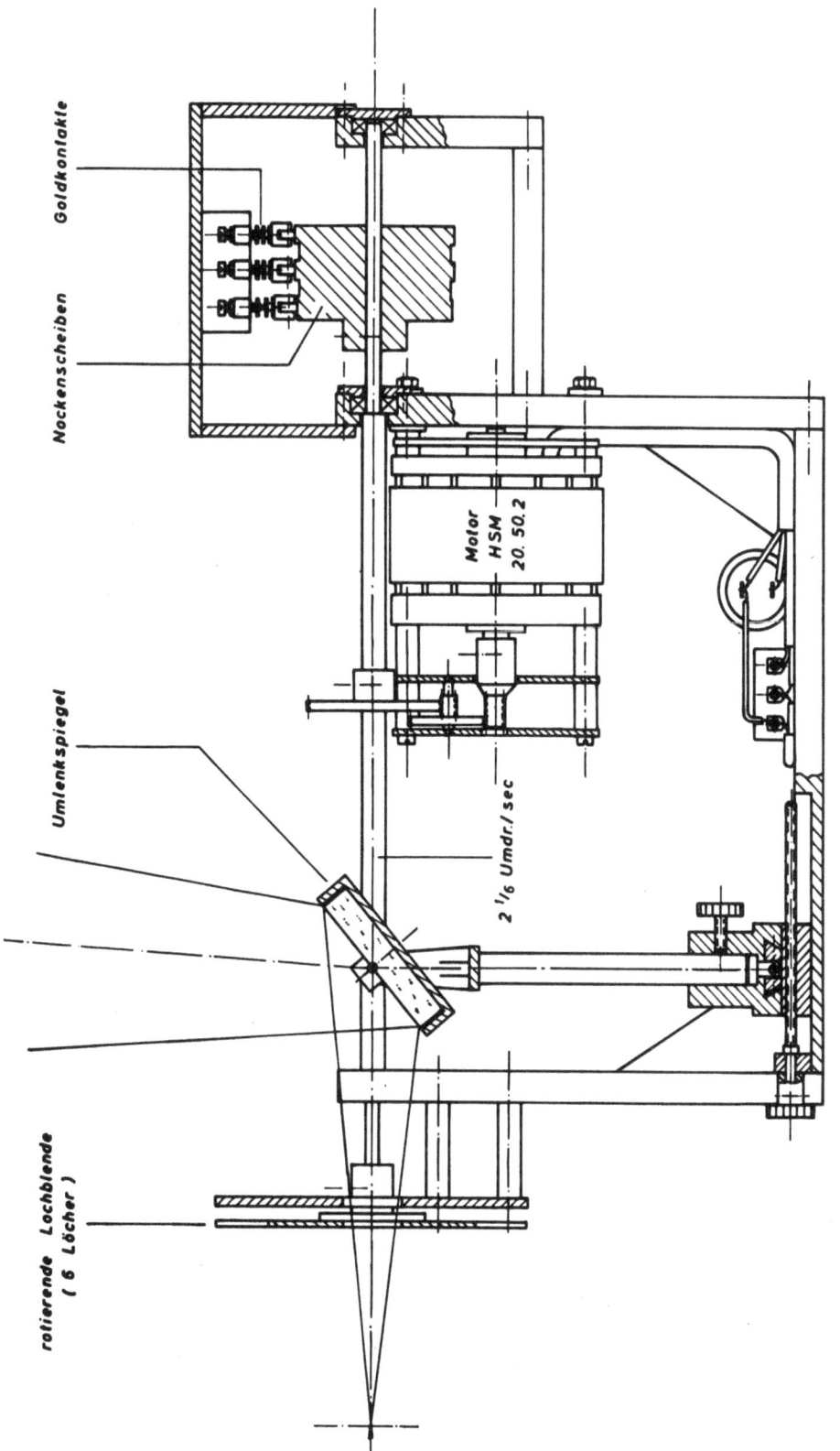

Abb. 10: Mechanischer Gleichrichter und Zerhacker

3.3 Zerhacker und Gleichrichter

Die von der Sonne bzw. von der Erdatmosphäre kommende Strahlung wird aus Gründen der besseren Verstärkung dreizehnmal in der Sekunde unterbrochen. Das geschieht mit Hilfe einer rotierenden Scheibe, in die sechs kreisrunde Löcher so gebohrt sind, daß ihre Durchmesser und ihr gegenseitiger Abstand gleich groß sind. Bei einer Umdrehungszahl der Scheibe von $2\,^1/_6\ [\sec^{-1}]$ wird der Strahl genau dreizehnmal in der Sekunde unterbrochen.

Die phasenrichtige Gleichrichtung der verstärkten Wechselspannung wird mechanisch durch drei auf einer Welle sitzende Nockenscheiben bewirkt. Durch jede wird ein Unterbrecherkontakt betätigt. Mit Hilfe einer Nockenscheibe wird die Vergleichsspannung einer Batterie in eine pulsierende Gleichspannung der Frequenz $13\ [\sec^{-1}]$ verwandelt, die beiden übrigen Scheiben dienen zur Vollweggleichrichtung des verstärkten 13 Hz Signals. Die Kontakte können durch Arme, an denen sie montiert sind, so justiert werden, daß elektrische Symmetrie erreicht wird. Die Nockenscheiben sind durch die Welle mit dem Zerhacker verbunden, wodurch eine phasenstarre Gleichrichtung gewährleistet ist. In Abb. 10 ist der Aufbau von Zerhacker und Gleichrichter wiedergegeben.

3.4 Vorverstärker, Verstärker und Schreiber

In Verbindung mit Thermoelementen benötigt man einen Vorverstärker mit niederohmigem Eingang. Der Hauptverstärker ist ein normaler RC-Verstärker mit zwei Doppeltrioden. Der Ausgang ist über einen Transformator mit dem mechanischen Gleichrichter gekoppelt. Beide Verstärker sind gerade für eine Verwendung mit dem Monochromator Modell 12 C von der Firma Perkin Elmer entwickelt worden. Das verstärkte und gleichgerichtete Signal wird schließlich mit einem Kompensationsschreiber der Firma Philips, der einen Gleichspannungsmeßbereich von 10 mV hat, aufgezeichnet.

3.5 Der Meßvorgang

Der Heliostat, der in einem Abstellraum auf dem Dach des Instituts untergebracht ist, mußte an den Meßtagen ins Freie geschoben und in Nord-Süd-Richtung aufgestellt werden. Die dabei erreichte Genauigkeit der Ausrichtung im Azimut betrug $\pm\ 0,5°$, d.h. das mit Hilfe des Heliostaten und des Parabolspiegels erzeugte Sonnenbild blieb nicht über längere Zeit (Stunden) fest auf dem Spektrographenspalt stehen. Da aber eine einzelne Messung nur wenige Minuten dauerte, spielte die ungenaue Justierung des Geräts keine Rolle. Während der Messung konnte das vom Spiegelsystem auf dem Spalt entworfene Sonnenbild als feststehend und somit die durch den Spalt eintretende Strahlungsleistung als konstant angesehen werden.

Es wurde abwechselnd bei verschiedenen Zenitwinkeln die solare Strahlung und die Emissionsstrahlung der Erdatmosphäre im Spektralbereich von 8 - 11 µ gemessen. Im ersten Fall wurde die Sonne vom Spiegelsystem auf den Spektrometerspalt abgebildet. Dabei erzeugte der Parabolspiegel in der Spaltebene ein Sonnenbild von etwa 9 mm Durchmesser, während der Spalt 0,5 mm breit und 12 mm hoch war, also nicht voll ausgeleuchtet wurde. Nach Durchlaufen des Sonnenspektrums wurde der Antriebsmotor für die Stundenachse abgeschaltet, so daß das Sonnenbild allmählich aus der Spaltebene wanderte. Nach einer Wartezeit von 40 Min., in der die Sonne am Himmel $10°$ im Azimut zurücklegt, wurde die Emissionskurve aufgenommen, wobei also in den Spalt Strahlung aus derselben Himmelsgegend eintrat, in der 40 Min. vorher die Sonne stand. In einem Abstand von $10°$ von der Sonne kann bei einer Wellenlänge von 10 µ die Streustrahlung der Sonne vernachlässigt werden, wie H.E. BENNETT, J.M. BENNETT und M.R. NAGEL

[1960] zeigten. Da die Emissionsstrahlung der Erdatmosphäre um mehrere Größenordnungen schwächer als die solare Strahlung ist, wurde erstere mit größerer Spaltbreite (1,5 mm) und höherer Verstärkung registriert. Bei der Aufnahme beider Spektren wurde im linearen Bereich der Verstärkerkennlinie gearbeitet.

4. Das Ozonspektrum im ultraroten Spektralbereich

Aus Elektronenbeugungsversuchen von SHAND und SPURR [1943] geht hervor, daß die drei Sauerstoffatome des Ozonmoleküls an den Ecken eines gleichschenkligen Dreiecks sitzen. Die Autoren erhielten für den Winkel an der Spitze des Dreiecks einen Wert von $127^\circ \pm 3^\circ$. Als nicht-lineares dreiatomiges Molekül besitzt Ozon drei Fundamental- oder Normalschwingungen, und zwar eine symmetrische und eine antisymmetrische Valenzschwingung, bei denen die Atome überwiegend in Richtung der Kernverbindungslinien schwingen, sowie eine Deformationsschwingung, bei der die Atome senkrecht zu diesen Kernverbindungslinien schwingen. Diese drei Normalschwingungen des Ozonmoleküls sind in Abb. 11 schematisch dargestellt.

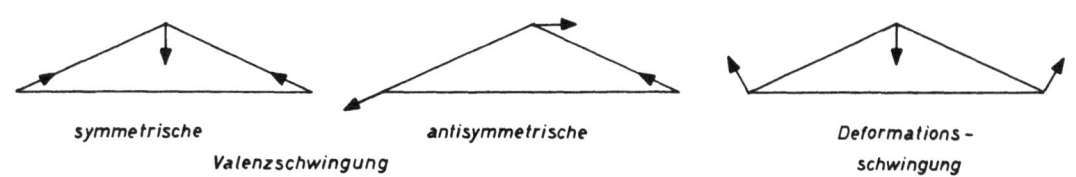

Abb. 11: Die Normalschwingungen des Ozonmoleküls.

Das in Abb. 12 wiedergegebene Spektrum wurde 1935 von HETTNER, POHLMANN und SCHUMACHER im Laborversuch aufgenommen. Entsprechend den verschiedenen Intensitäten der einzelnen Banden betrug der Gasdruck des reinen Ozons im Absorptionsrohr zwischen 1μ und 8μ Wellenlänge 230 mm Hg, zwischen 8μ und 17μ 160 mm Hg. HETTNER, POHLMANN und SCHUMACHER hielten die drei stärksten Banden in diesem Spektrum bei $4,75\mu$, $9,6\mu$ und $14,1\mu$ für die Normalschwingungen des Moleküls und führten die $9,6\mu$ Bande auf die symmetrische Deformationsschwingung zurück. Dieses Modell ergab eine viel zu große Kraftkonstante zwischen den Basis-Sauerstoffatomen (fast doppelt so groß wie im O_2-Molekül) und einen Winkel an der Spitze des Dreiecks von nur 39°.

Das veranlaßte SUTHERLAND und PENNEY [1936] dazu, die Banden bei $5,75\mu$, $9,6\mu$ und $14,1\mu$ als Normalschwingungen des O_3-Moleküls anzusetzen, wobei die $9,6\mu$ Bande die symmetrische Valenzschwingung darstellt. Dieses Modell lieferte vernünftige Kraftkonstanten zwischen den einzelnen Sauerstoffatomen und einen Winkel an der Spitze des Dreiecks von 127°. Dieser Winkel wurde dann einige Jahre später, wie oben schon erwähnt, von SHAND und SPURR [1943] durch Elektronenbeugungsmessungen bestätigt. Die einzige Schwierigkeit dieses Modells ist die Erklärung der geringen Intensität der Fundamentalschwingung bei $5,75\mu$. Die Schnelligkeit, mit der das O_3-Molekül ein Sauerstoffatom abspaltet, wäre nach dem Modell eines spitzwinkligen Dreiecks nach HETTNER, POHLMANN und SCHUMACHER [1935], in dem sich ein O-Atom in einem verhältnismäßig großen Abstand vom fast unveränderten O_2-Molekül befindet, viel besser zu verstehen. Allerdings schließt das Elektronenbeugungsexperiment diesen

5.1

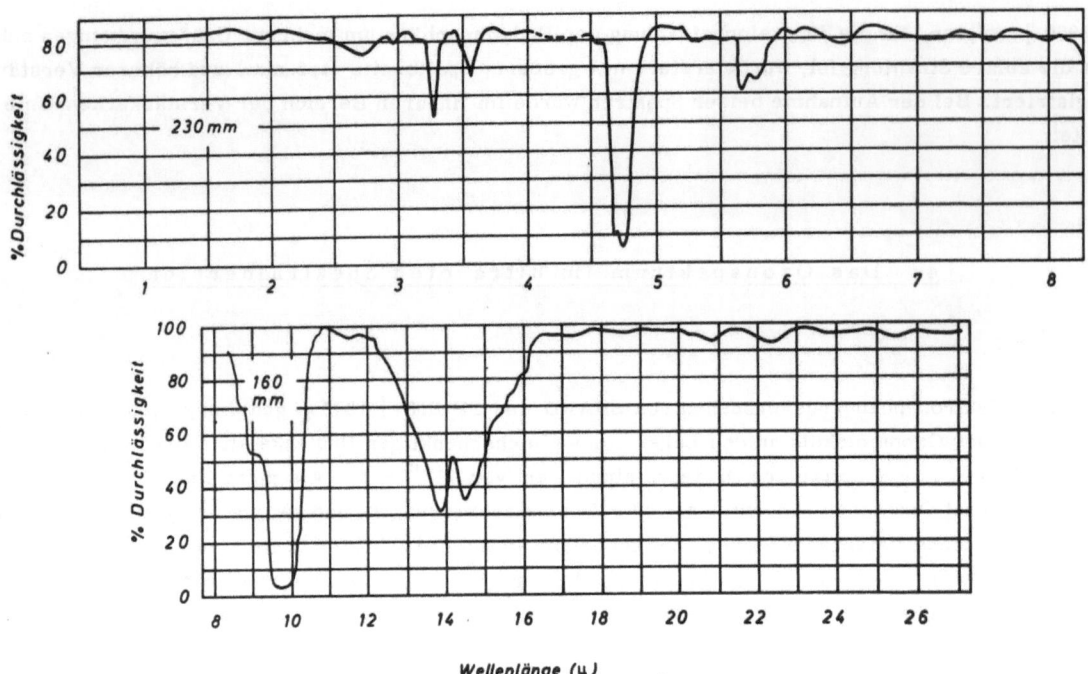

Abb. 12: Das Ultrarotspektrum des Ozons [nach HETTNER, POHLMANN und SCHUMACHER, 1935].
Die Zahlen beziehen sich auf den Gasdruck des reinen Ozons in einem 30 cm langen Rohr.

spitzen Winkel aus. Für die vorliegenden Messungen spielte es keine Rolle, mit welcher der drei Normalschwingungen wir es bei der 9,6 µ Bande zu tun haben.

Es muß noch darauf hingewiesen werden, daß bei größerer Auflösung des Spektralapparates die Absorptionsbanden in Abb. 12 eine Feinstruktur zeigen. Diese Feinstruktur rührt von Rotationsübergängen des Moleküls her, die gleichzeitig mit den für die einzelnen Banden verantwortlichen Schwingungszustandsänderungen stattfinden können.

5. Meßergebnisse

5.1 Auswertung der gemessenen Spektren

Die solare Strahlung wird beim Durchgang durch die irdische Atmosphäre geschwächt. Diese Schwächung beruht einerseits auf der Streuung an Luftpartikeln, andererseits auf charakteristischen Absorptionen der einzelnen atmosphärischen Bestandteile. Da nach dem Rayleighschen Gesetz die Streuung umgekehrt proportional zur 4. Potenz der Wellenlänge ist, darf sie im ultraroten Spektralbereich vernachlässigt werden. Die charakteristischen Absorptionsbanden der atmosphärischen Bestandteile sind in Abb. 13 zu sehen. Die intensivsten Banden besitzt der Wasserdampf und das Kohlendioxyd. Die Absorptionsbande des Wasserdampfes bei 6,2 µ ist so intensiv, daß sogar der geringe Wasserdampfgehalt, der sich innerhalb eines Ultrarotspektrographen befindet, die Strahlung vollkommen absorbiert. Die reine Rotationsban-

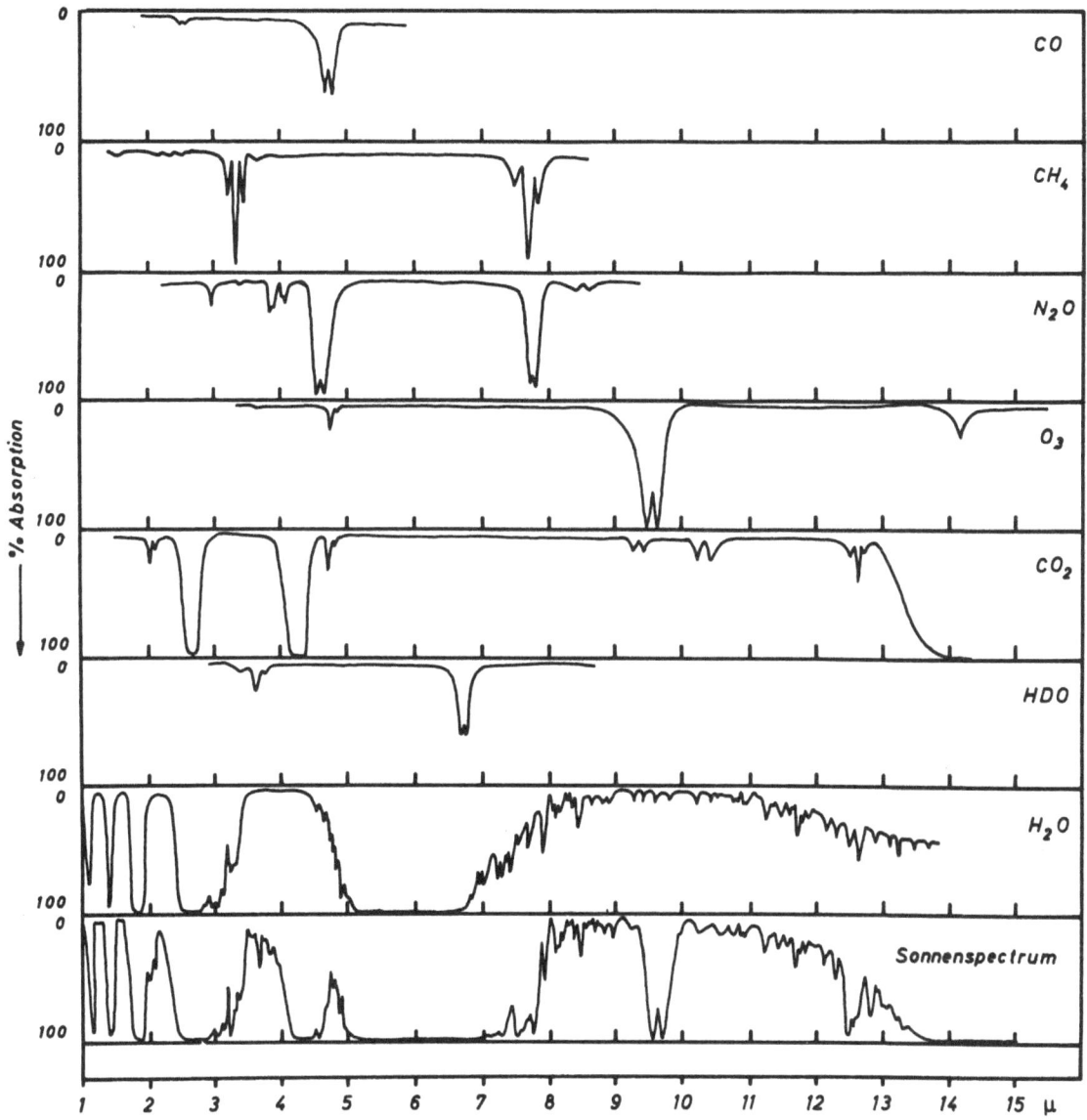

Abb. 13: Das ultrarote Spektrum des Sonnenlichtes am Erdboden und die Absorptionsspektren verschiedener in der Erdatmosphäre vorkommender Gase nach SHAW [1954].

de des Wasserdampfes im langwelligen Ultrarot erstreckt ihre Ausläufer bis zu einer Wellenlänge von etwa $12\,\mu$. Aber in diesem Spektralbereich ($\lambda > 13\,\mu$) ist vor allem Kohlendioxyd für die Undurchlässigkeit der Erdatmosphäre verantwortlich. So bleibt als atmosphärisches Fenster nur ein schmaler Bereich zwischen $8\,\mu$ und $13\,\mu$ übrig. Glücklicherweise befindet sich gerade in diesem Wellenlängenbereich die stärkste Absorptionsbande des Ozons, so daß sich diese Bande für Messungen des atmosphärischen Ozons am besten eignet.

Einige unserer Registrierungen des Sonnenlichtes und der atmosphärischen Strahlung zwischen $8\,\mu$ und $11\,\mu$ sind in Abb. 14 dargestellt; die Spektren wurden am 12.3.1964 aufgenommen. Da die Ozonmoleküle der Erdatmosphäre die solare Strahlung bei $9,6\,\mu$ Wellenlänge nicht nur absorbieren, sondern auch reemittieren können, setzt sich das Sonnenspektrum aus mehreren Bestandteilen zusammen:

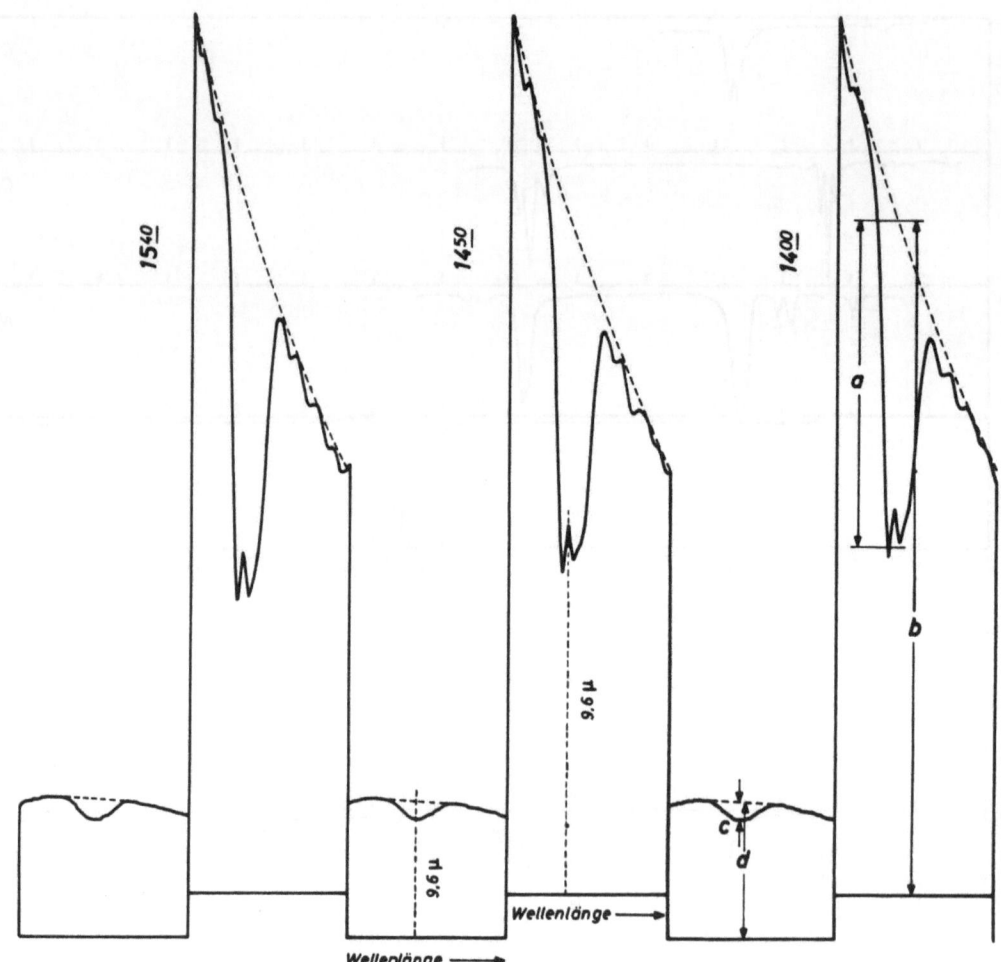

Abb. 14: Spektren des Sonnenlichtes und der atmosphärischen Strahlung zwischen 8 µ und 11 µ , aufgenommen am 12.3. 1964 in Lindau/Harz.

1.) Aus der unmodifizierten solaren Strahlung,

2.) aus der selektiven Absorption der Ozonmoleküle innerhalb der Atmosphäre,

3.) aus der Emissionsstrahlung der Ozonschicht,

4.) aus der Strahlung des Thermoelements.

Die Anteile 1, 2 und 3 ergeben die effektive Strahlung, die von außen über das Spiegelsystem auf das Thermoelement fällt; Anteil 4 ist die vom Thermoelement entsprechend seiner Temperatur von 298° K über das Spiegelsystem in den Weltraum abgestrahlte Energie. Da wir das Thermoelement als schwarzen Strahler ansehen können, ist seine Strahlung im interessierenden Wellenlängenintervall durch das Plancksche Gesetz gegeben:

$$E_{\lambda, T} \, d\lambda = \frac{hc^2}{\lambda^5} \cdot \frac{1}{e^{\frac{hc}{\lambda kT}} - 1} \, d\lambda \tag{4}$$

wobei $(E_\lambda \, d\lambda)$ die Dimension $[\text{erg/cm}^2\text{sec}]$ hat. Setzen wir für das Thermoelement $T = 298^\circ K$ und für die Sonne $T = 6000^\circ K$, so erhalten wir:

$$E_\lambda \, d\lambda \, (\text{Therm.}) \approx \text{const.} \, \frac{1}{e^5 - 1} \approx \text{const.} \, \frac{1}{150} \, [\text{erg/cm}^2\text{sec}]$$

$$E_\lambda \, d\lambda \, (\text{Sonne}) \approx \text{const.} \, \frac{1}{e^{0,25} - 1} \approx \text{const.} \, \frac{1}{0,3} \, [\text{erg/cm}^2\text{sec}]$$

Die vom Thermoelement abgestrahlte Energie ist also etwa 500mal geringer als die auftreffende solare Strahlung im interessierenden Wellenlängenintervall und kann deshalb im Sonnenspektrum vernachlässigt werden. Auch die Emissionsstrahlung der Ozonschicht ist, wie weiter oben erwähnt, um Größenordnungen geringer als die Solarstrahlung. Daher haben wir es im Sonnenspektrum nur mit den Anteilen 1 und 2 zu tun, da die Anteile 3 und 4 nicht berücksichtigt zu werden brauchen.

Der von der atmosphärischen Ozonschicht absorbierte Bruchteil der Sonnenstrahlung wird in Abb. 14 graphisch ermittelt. Wir interpolieren den Verlauf der Spektralkurve über die Ozonabsorptionsbande bei $9,6 \mu$ hinweg und messen im Zentrum der Bande die Abstände a und b. Das Verhältnis dieser beiden Längen a zu b ergibt dann die prozentuale Absorption der Ozonschicht bei einer Wellenlänge von $9,6 \mu$. Eine fehlerhafte Interpolation der Meßkurve kann eine Längenänderung der Abstände a und b von ± 2 mm zur Folge haben. Die Strecken wurden mit einer Genauigkeit von $\pm 0,2$ mm gemessen. Bei einer durchschnittlichen Länge von a = 90 mm und b = 180 mm errechnet sich für die Absorptionsmessung ein relativer Fehler von maximal $\pm 4\%$.

Das Emissionsspektrum der Erdatmosphäre im Wellenlängenbereich zwischen 8μ - 11μ setzt sich im Gegensatz zum Sonnenspektrum nur aus zwei Strahlungsanteilen zusammen: einerseits aus der ankommenden Emissionsstrahlung der Ozonschicht und andererseits aus der in den Weltraum ausgesandten Strahlung des Thermoelements. Außerdem ist jetzt der Anteil der abgestrahlten Energie größer als der der einfallenden, da die Temperatur der Ozonschicht beträchtlich unter der des Thermoelementes liegt und somit die Schicht nach der Planckschen Formel eine geringere Strahlungsleistung hat. Das heißt aber, daß der Ausschlag des Kompensationsschreibers im Vergleich zum obigen Fall in der entgegengesetzten Richtung erfolgen müßte. Durch Umpolen der gleichgerichteten Meßspannung wurde erreicht, daß das Emissionsspektrum der Erdatmosphäre auf die gleiche Weise wie das Sonnenspektrum gemessen werden konnte. Deshalb sieht das Spektrum der Erdatmosphäre wie ein Absorptionsspektrum aus.

Die von der Ozonschicht emittierte Strahlung wird wiederum graphisch ermittelt, die Emissionskurve wie im obigen Fall über die Emissionsbande bei $9,6 \mu$ hinweg interpoliert und die Abstände c und d im Zentrum der Bande gemessen. Dann liefert das Verhältnis c zu d die prozentuale Emission der Ozonschicht.

Die durch ungenaue Interpolation der Meßkurve verursachte Längenänderung der Abstände c und d beträgt, wie aus der Abbildung ersichtlich, diesmal höchstens $\pm 0,5$ mm. Trotzdem wird der relative Fehler ziemlich groß, weil die durchschnittlichen Längen von c (= 5 mm) und d (= 36 mm) im Gegensatz zur Absorptionsmessung klein sind. Der maximale relative Fehler beträgt etwa $\pm 16\%$.

Es muß noch darauf hingewiesen werden, daß das gemessene Verhältnis der Abstände c und d auch dann streng richtig ist, wenn das Thermoelement kein schwarzer, sondern ein grauer Strahler ist. In diesem Fall emittiert das Thermoelement nur P % der Strahlung eines schwarzen Körpers bei einer bestimmten Wellenlänge, es kann aber auch nur P % bei derselben Wellenlänge absorbieren. Die Ausschläge c und d des Kompensationsschreibers nehmen jeweils um P % ab, so daß deren Verhältnis weiterhin das gleiche, nämlich c zu d, ist.

5.2 Bestimmung des mittleren Absorptionskoeffizienten $\bar{\alpha}$ und des Ozonwertes x

Im allgemeinen gilt für die Absorption von Wellenstrahlung das Lambert-Beersche Exponentialgesetz

$$I = I_o \cdot 10^{-\alpha x} \tag{5}$$

wobei I_o die Strahlungsleistung vor und I die Strahlungsleistung hinter der absorbierenden Schicht ist; α bezeichnet man als dekadischen Absorptionskoeffizienten und x ist die Dicke der homogenen Absorptionsschicht in Zentimetern. Im Fall der inhomogenen atmosphärischen Ozonschicht verstehen wir unter x die Schichtdicke, die das Ozon unter Normalbedingungen, d.h. bei einem Druck von 760 mm Quecksilbersäule und bei einer Temperatur von 0° Celsius, einnehmen würde. Es ist üblich, x als Ozonwert zu bezeichnen.

Wenden wir das Lambert-Beersche Gesetz auf die Ozonschicht an, so gilt es in obiger Form für senkrechten Einfall der solaren Strahlung. Für beliebigen Einfallswinkel der Strahlung läßt sich das Gesetz schreiben:

$$I_\vartheta = I_o \cdot 10^{-\alpha x / \cos \vartheta_h} = I_o \cdot 10^{-\alpha x \cdot \sec \vartheta_h} \tag{6}$$

wobei ϑ_h der Zenitwinkel der Sonne in der Nähe des Ozonmaximums, also in einer Höhe von 25 km über dem Erdboden, ist. Für eine gekrümmte Atmosphäre ist der Zenitwinkel eine Funktion der Höhe. Die einfache Beziehung lautet:

$$\sin \vartheta_h = \frac{\sin \vartheta}{1 + \frac{h}{R}} \tag{7}$$

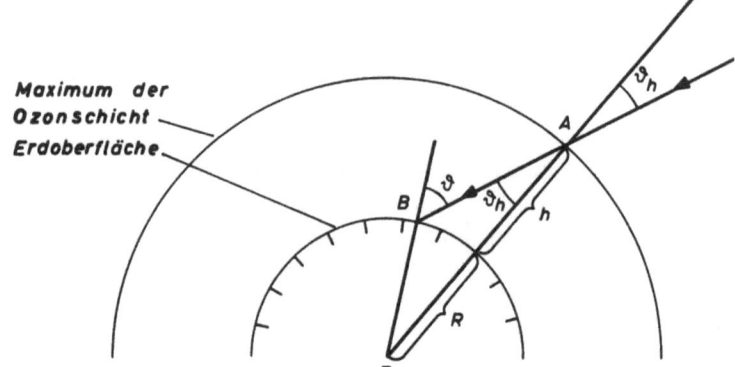

Abb. 15: Abhängigkeit des Zenitwinkels der Sonne von der Höhe über dem Erdboden

ϑ ist der Zenitwinkel am Erdboden, h die mittlere Höhe der Ozonschicht und R der Erdradius. An Hand der Abb. 15 läßt sich die Beziehung (7) leicht ableiten:

Unter Vernachlässigung der Brechung in der Atmosphäre treffe ein Sonnenstrahl das Maximum der Ozonschicht unter dem Winkel ϑ_h und die Erdoberfläche unter dem Winkel ϑ. Im Dreieck ZBA taucht der Winkel ϑ_h bei A auf. Wenden wir den Sinussatz an, so ergibt sich

$$\frac{\sin \vartheta_h}{BZ} = \frac{\sin (\pi - \vartheta)}{AZ} \tag{8}$$

oder

$$\frac{\sin \vartheta_h}{R} = \frac{\sin \vartheta}{h + R} \tag{9}$$

und das ist genau Gleichung (7).

Die Ozonabsorption wurde an den jeweiligen Meßtagen bei verschiedenen Zenitwinkeln ermittelt, um eine Extrapolation auf $\vartheta = 0$, also senkrechten Einfall, zu ermöglichen. Aus Gleichung (6) folgt:

$$\frac{I_\vartheta}{I_o} = 10^{-\alpha x \cdot \sec \vartheta_h} = T = 1 - A \qquad (10)$$

$$\left| \log (1 - A) \right| = \alpha x \cdot \sec \vartheta_h \qquad (11)$$

T ist die Transmission oder das Durchlässigkeitsvermögen, A das Absorptionsvermögen. Trägt man für verschiedene Zenitwinkel ϑ_h die gemessenen Transmissionswerte logarithmisch gegen $\sec \vartheta_h$ auf und extrapoliert auf den Wert $\sec \vartheta_h = 1$, so ergibt sich das Produkt αx, wie aus Abb. 16 ersichtlich. Aus

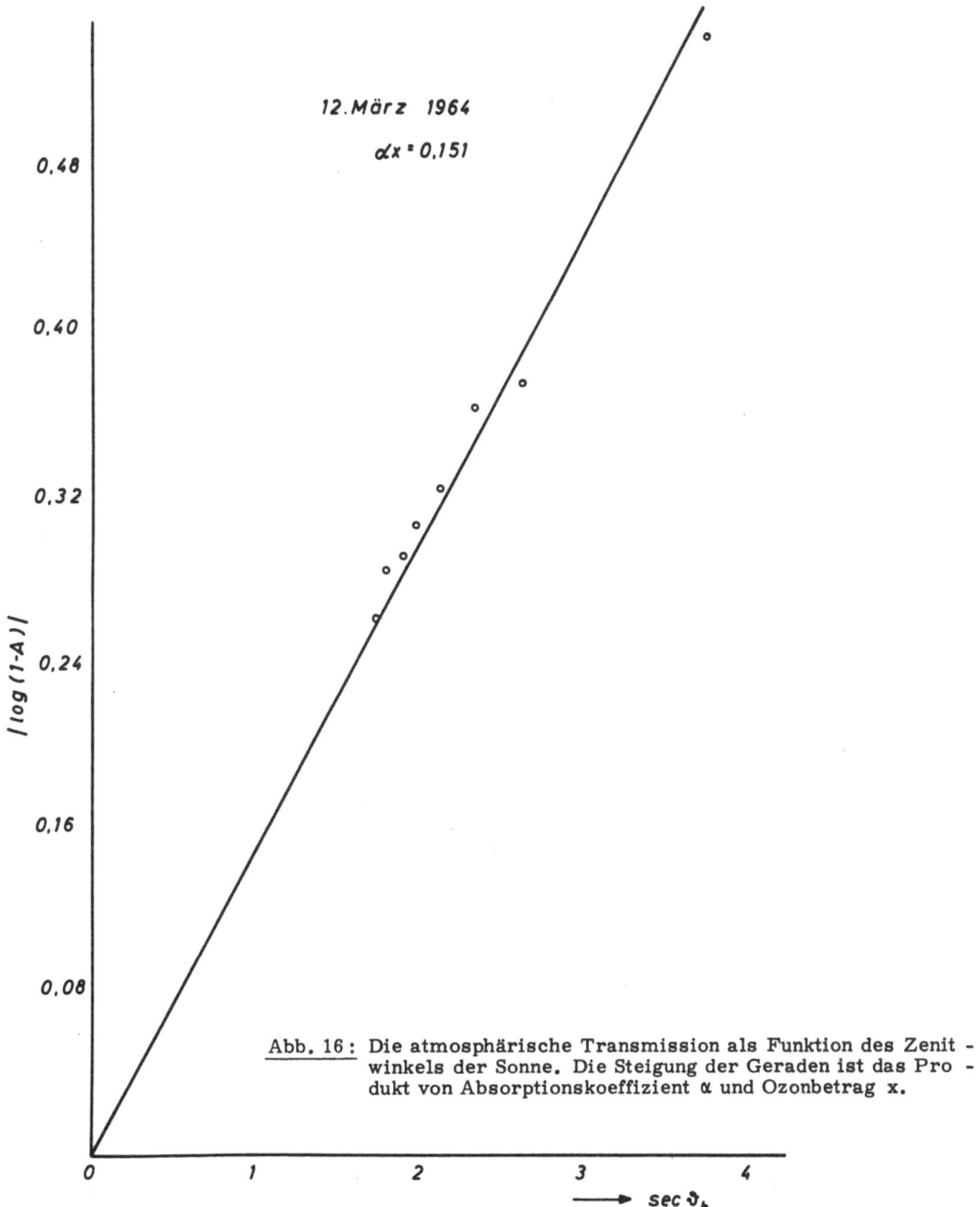

Abb. 16: Die atmosphärische Transmission als Funktion des Zenitwinkels der Sonne. Die Steigung der Geraden ist das Produkt von Absorptionskoeffizient α und Ozonbetrag x.

diesem Produkt ließe sich die Ozonschichtdicke und damit die Gesamtmenge des über der Beobachtungsstation befindlichen Ozons bestimmen, falls der Absorptionskoeffizient α für die Wellenlänge $9,6\,\mu$ bekannt wäre. Nun wurde aber von STRONG [1941] durch Absorptionsmessungen im Labor bei verschiedenen Drucken nachgewiesen, daß die Absorption druckabhängig ist. Somit ist α keine Konstante mehr, sondern muß für jeden Druck berechnet werden.

Die Ozonschicht in der Erdatmosphäre hat, wie weiter unten gezeigt werden soll, eine maximale Konzentration in etwa 25 km Höhe. Sie erstreckt sich nach unten mit abnehmender Konzentration bis in Höhen von etwa 5 - 10 km und nimmt oberhalb des Maximums in einer Höhe von etwa 50 km auf die Konzentration Null ab. Der Druck in den verschiedenen Höhen beträgt zwischen 500 mb und 1 mb. In unserem Fall wird also der Absorptionskoeffizient α einen Mittelwert $\bar{\alpha}$ annehmen, der sich folgendermaßen ausdrücken läßt: Teilen wir die Ozonschicht in eine beliebige Anzahl von dünnen Schichten auf, so ergibt sich

$$\bar{\alpha} = \frac{\alpha_1 x_1 + \alpha_2 x_2 + \ldots}{x} = \frac{\Sigma \alpha_i x_i}{x} \qquad (12)$$

Die x_i sind die Ozonmengen in den betreffenden Schichten, die α_i die Absorptionskoeffizienten, die den in den Schichten herrschenden mittleren Drucken entsprechen. Da der gesamte Ozonbetrag x sich während eines Tages nicht wesentlich ändert, kann $\bar{\alpha}$ zumindest für einen Meßtag als konstant angesehen werden. Nun ändert sich, wie wir später sehen werden, sowohl der Ozonbetrag als auch die Ozonverteilung während eines Jahres beträchtlich, d.h. die Konstanten α_i gehen mit sich ändernden Gewichten in Gleichung (12) ein. Aber die Druckabhängigkeit der Koeffizienten α_i ist so gering, daß sich Ozonschwankungen kaum auf den Mittelwert $\bar{\alpha}$ auswirken.

Berechnet man den Mittelwert $\bar{\alpha}$ für zwei extreme Ozonverteilungen, so unterscheiden sich die beiden Werte um etwa 4%, d.h. wir können $\bar{\alpha}$ auf $\pm 2\%$ konstant ansetzen.

Um nun aus dem Produkt $\bar{\alpha} \cdot x$ den mittleren Absorptionskoeffizienten $\bar{\alpha}$ zu bestimmen, sind gleichzeitige Messungen des Ozonwertes x erforderlich. Da weder in Lindau noch an einer anderen deutschen Station zur Zeit der Ultrarotregistrierungen eine direkte Methode zur Bestimmung des Ozongehalts der Atmosphäre angewandt wurde, mußten die in Belsk in Polen nach der Umkehrmethode durchgeführten Ozonmessungen benutzt werden. Die in Belsk gefundenen Ozonwerte wurden für fünf verschiedene Tage in das in Lindau gemessene Produkt $\bar{\alpha} \cdot x$ eingesetzt und $\bar{\alpha}$ jeweils ermittelt. Dabei ergab sich ein mittlerer Absorptionskoeffizient von $\bar{\alpha} = 0,45\,\mathrm{cm}^{-1}$.

Voraussetzung für eine genaue Bestimmung des mittleren Absorptionskoeffizienten $\bar{\alpha}$ ist allerdings, daß die Ozonwerte über den Stationen Lindau und Belsk an den entsprechenden Meßtagen nicht wesentlich voneinander verschieden sind. Diese Annahme ist zu vertreten, da die beiden Stationen nahezu die gleiche geographische Breite haben (Lindau 51°39' Nord, Belsk 52° Nord). Zwar sind die geographischen Längen der beiden Stationen sehr verschieden (Lindau 10°07' Ost, Belsk 21° Ost), doch geht aus weltweiten Ozonmessungen hervor, daß die gesamte Ozonmenge über einer Station im wesentlichen von deren geographischer Breite abhängt und sich nur minimal mit der geographischen Länge ändert. Ein Vergleich von Messungen in Belsk und Arosa in der Schweiz, das ungefähr auf der gleichen geographischen Länge wie Lindau liegt (nämlich 9°40' Ost), aber auf einer geographischen Breite von 46°47' Nord, zeigt, daß sich die Ozonwerte über beiden Stationen im Mittel nur um 5% unterscheiden.

Nachdem die eine Unbekannte der Gleichung (11) indirekt aus den Ozonmessungen einer anderen Station berechnet werden konnte (durch Mittelwertbildung über fünf Meßtage), ergaben sich nun aus derselben Gleichung ohne weiteres für die übrigen Meßtage die x-Werte für die Station Lindau. In der Abb. 17 sind die so gefundenen Ozonwerte in Abhängigkeit von der Jahreszeit aufgetragen. Zum Vergleich sind einige im gleichen Zeitraum in Belsk nach der Umkehrmethode gemessene Ozonwerte eingezeichnet.

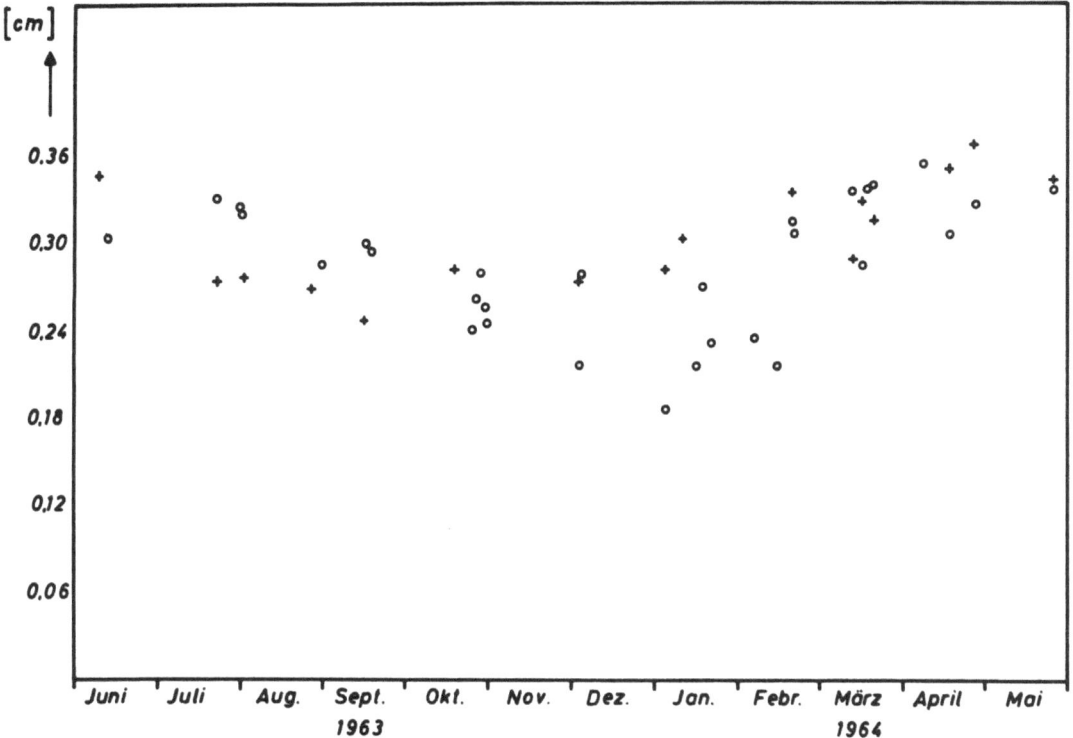

Abb. 17: o: In Lindau/Harz von Juni 1963 bis Mai 1964 gemessene Ozonbeträge. +: In Belsk im gleichen Zeitraum nach der Umkehrmethode ermittelte Ozonbeträge [DÜTSCH und MATEER, 1965].

5.3 Ansatz eines Schichtenmodells für das atmosphärische Ozon

Im folgenden wird versucht, die Strahlungsleistung des atmosphärischen Ozons bei 9,6 µ Wellenlänge in den Einheitsraumwinkel zu berechnen. Dazu wird der Teil der Atmosphäre, in dem sich nahezu das gesamte Ozon befindet, nämlich der Bereich von 0 - 50 km Höhe, in acht Schichten nach folgendem Schema eingeteilt:

Schicht	Höhenbereich	Schicht	Höhenbereich
1	0- 5 km	5	20-25 km
2	5-10 km	6	25-30 km
3	10-15 km	7	30-40 km
4	15-20 km	8	40-50 km

Die Strahlungsdichte einer dünnen isothermen Gasschicht der Dicke x im Spektralbereich λ bis $\lambda+\Delta\lambda$ in den Einheitsraumwinkel errechnet sich unabhängig vom Ausfallswinkel nach dem Kirchhoffschen Gesetz zu

$$I(\lambda, T) \cdot \Delta\lambda = A(\lambda, x) \cdot E(\lambda, T) \cdot \Delta\lambda \quad [\text{erg/cm}^2 \text{sec}] \tag{13}$$

Dabei ist $A(\lambda, x)$ das Absorptionsvermögen der Schicht mit der Dicke x bei der Wellenlänge λ und $E(\lambda, T)$ ist die Plancksche Strahlungsfunktion. Das Absorptionsvermögen $A(\lambda, x)$ läßt sich schreiben:

$$A(\lambda, x) = 1 - 10^{-\alpha \cdot x} \approx 2,3 \cdot \alpha \cdot x \tag{14}$$

5.3   - 26 -

(für kleine α und x). Wenn das Produkt α · x < 0,04 ist, beträgt der Fehler weniger als 5 %. Somit läßt sich also I (λ , T) schreiben:

$$I(\lambda, T) \cdot \Delta\lambda = 2,3 \, \alpha \cdot x \cdot E(\lambda, T) \cdot \Delta\lambda \tag{15}$$

Die auf Normaldruck und -temperatur reduzierte Ozonmenge in den einzelnen Schichten ist kleiner als 0,08 cm, so daß die Schichten als dünn bezeichnet werden können. Streng gilt die Gleichung (13) natürlich nur für eine isotherme Schicht. In unserem Fall haben wir in jeder Schicht einen Temperaturgradienten, so daß die Strahlungsbeiträge vom oberen und unteren Teil der jeweiligen Schicht verschieden sind. Eine rechnerische Ausführung der Integration ist sehr umständlich und zeitraubend. Es wird daher für jede Schicht eine mittlere Temperatur eingesetzt, die sich aus den täglich durchgeführten Ballonaufstiegen des Instituts für Meteorologie und Geophysik der Freien Universität Berlin ergab. Ein späterer Vergleich der Ergebnisse dieses 8-Schichtenmodells mit einem 13-Schichtenmodell wird zeigen, daß die Annahme einer mittleren Temperatur pro Schicht die wahren Verhältnisse gut wiedergibt.

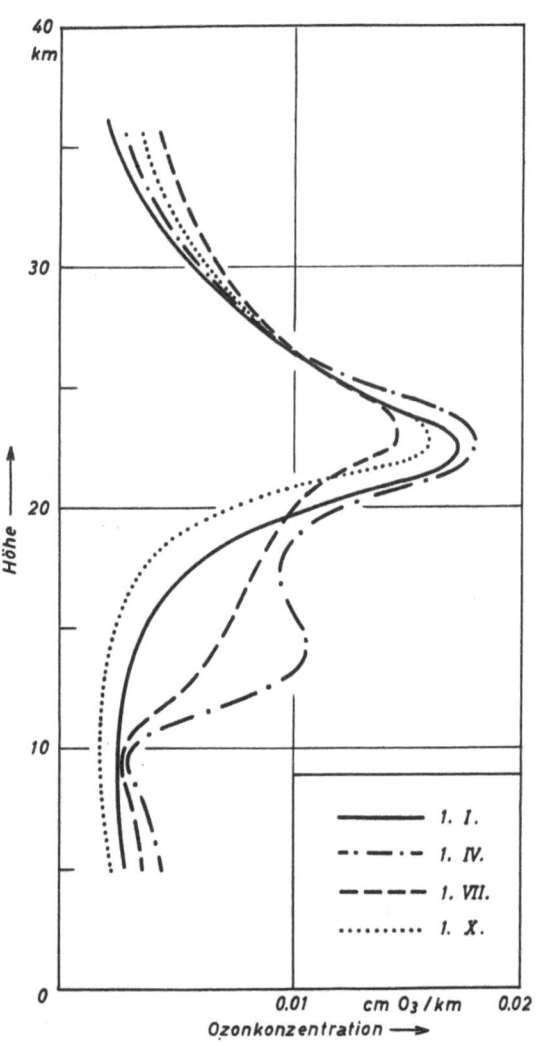

Abb. 18: Die vertikale Ozonverteilung zu verschiedenen Jahreszeiten für mittlere Breiten (nach PAETZOLD).

Liegt unter der dünnen strahlenden Schicht eine absorbierende Gasschicht der Dicke x_o, so ist die unter dem Winkel ϑ hindurchgehende Strahlung im Spektralbereich λ bis $\lambda + \Delta\lambda$ in den Einheitsraumwinkel

$$I(\lambda, T) = 2,3 \int_0^x \alpha \cdot dx \cdot E(\lambda, T) \cdot 10^{-\alpha_o \cdot x_o \cdot \sec\vartheta} \cdot \Delta\lambda \tag{16}$$

Schließlich ergibt sich die gesamte Strahlungsleistung des atmosphärischen Ozons aus der Summe der Beiträge der einzelnen Schichten.

$$I_{gesamt} \cdot \Delta\lambda = 2,3 \sum_{i=1}^{i=8} \alpha_i \cdot x_i \cdot E_i \cdot 10^{-\alpha_{i-1} \cdot x_{i-1} \cdot \sec\vartheta} \cdot \Delta\lambda \tag{17}$$

mit $x_o = 0$. In dieser Gleichung sind die Absorptionskoeffizienten α_i und die Ozonmengen x_i unbekannt. Es wird nun für jede Jahreszeit eine aus vielen Messungen für mittlere geographische Breiten ermittelte Standardozonverteilung angenommen. Diese mittleren Ozonverteilungen sind in Abb. 18 für den 1. Januar, 1. April, 1. Juli und 1. Oktober angegeben. Im Winter haben wir ein einziges flaches Maximum in etwa 25 km Höhe, im Frühling bildet sich ein sekundäres Maximum in 15 km Höhe aus, das allmählich zum Herbst hin wieder abnimmt.

Die Ozonmengen in den einzelnen Schichten wurden so angesetzt, daß ihre Summe gleich dem aus der Absorptionsmessung gefundenen gesamten Ozonbetrag ist. Von der Absorptionsmessung her ist außerdem der mittlere Absorptionskoeffizient $\bar{\alpha}$ bekannt, der einem mittleren Druck zwischen 0 und 50 km Höhe entspricht. Unbekannt dagegen ist die Abhängigkeit der Ozonabsorption von dem in der jeweiligen Schicht herrschenden mittleren Druck.

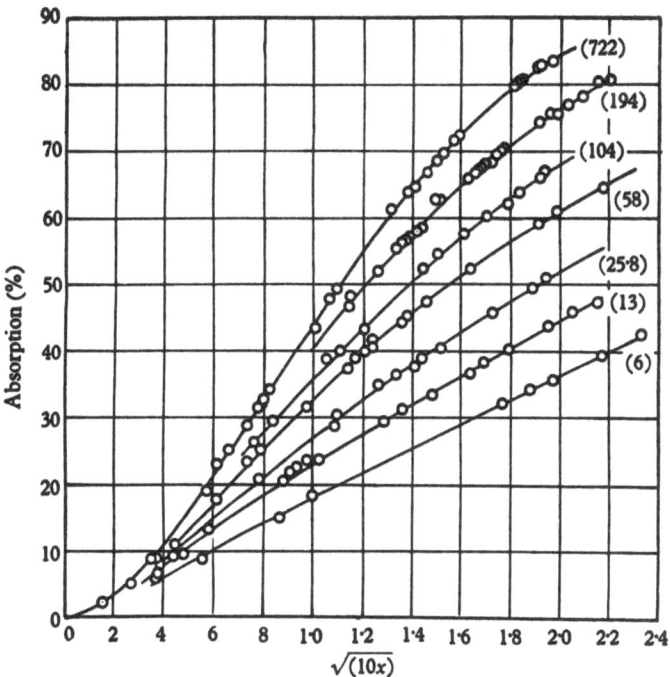

Abb. 19: Die Absorption in der 9,6 µ Bande als Funktion von Ozonbetrag und Druck [nach STRONG]. Die Zahlen in Klammern geben den Gesamtdruck in mm Hg wieder; x ist der Ozonbetrag in cm.

Diese Druckabhängigkeit hat, wie oben schon erwähnt, STRONG [1941] in Laborversuchen bis herab zu einem Druck von etwa 8 mb gemessen. In der Abb. 19 ist für verschiedenen Druck die prozentuale Absorption gegen die Größe $\sqrt{10x}$ aufgetragen; x ist wiederum die Ozonmenge in cm bei Normaldruck und -temperatur. Im Bereich zwischen $\sqrt{10x} = 0,4$ und $\sqrt{10x} = 1,0$ oder $x = 0,016$ und $x = 0,1$ cm ist der Anstieg der Kurven praktisch linear. Für dieses Intervall, das in unserem Fall allein interessiert, gilt die im folgenden durchgeführte Rechnung.

Die Ergebnisse von STRONG [1941] werden in einem neuen Maßstab aufgetragen. Wir ermitteln für jeden Wert von $\sqrt{10x}$ den entsprechenden x-Wert und bilden den dazugehörigen Logarithmus der der Größe 1-A, absolut genommen, also $|\log(1-A)| = B$. Trägt man nun log B gegen log x auf, so erhält man die in Abb. 20 gezeigte Kurvenschar.

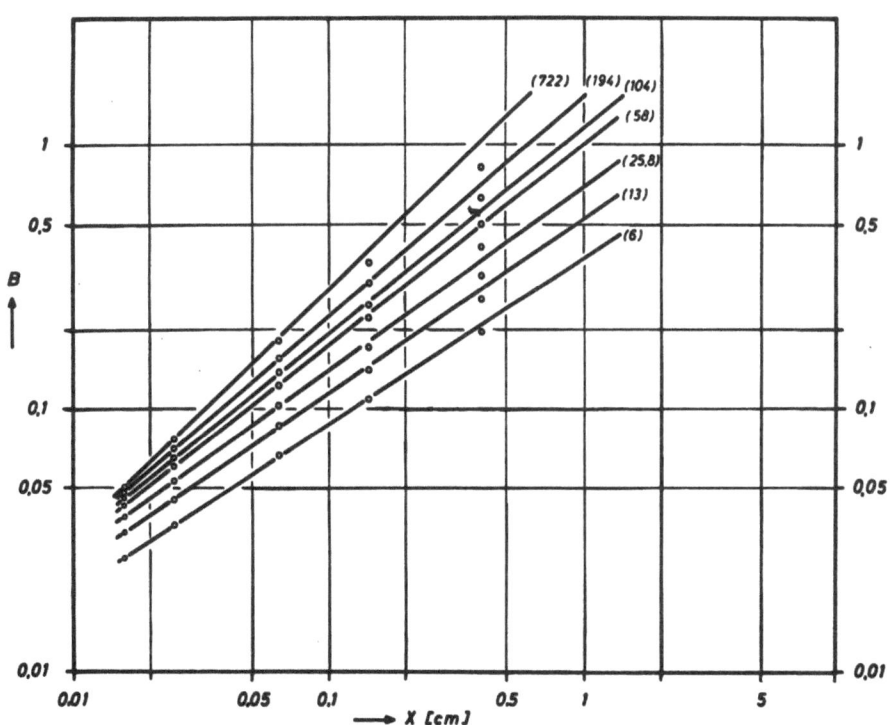

Abb. 20: Die Größe $|\log(1-A)| = B$ als Funktion von x. Parameter der Kurvenschar ist der Druck P in mm Hg.

5.3   - 28 -

Die zu den einzelnen Kurven gehörenden Meßpunkte liegen recht gut auf Geraden. Nur für $x > 0,1$ cm weichen die Meßpunkte erheblich von der Geraden ab. Da aber der für die Schichten unseres Modells angenommene Ozonbetrag $x \leqq 0,08$ cm sein soll, ist die ungenaue Anpassung der Meßpunkte durch Geraden oberhalb $x = 0,1$ cm bedeutungslos.

Der Zusammenhang zwischen den Größen B und x läßt sich mathematisch ausdrücken:

$$\log B = K_1 (P) \cdot \log x + K_2 (P) \tag{18}$$

Dabei sind sowohl K_1 als auch K_2 Funktionen des Druckes P. K_2 ergibt sich aus Gleichung (18), indem man $x = 1$ setzt. Dann folgt

$$K_2 (P) = \log B \text{ (für } x = 1\text{)}$$

In Abb. 21 ist $K_2 (P) = \log B$ (für $x = 1$) aufgetragen. Die Punkte liegen ziemlich gut auf einer Geraden, deren Gleichung lautet:

$$K_2 (P) = \log B \text{ (für } x = 1\text{)} = 0,41 \cdot \log P + \log 0,16 \tag{19}$$

Die Steigung der Geraden und der Ordinatenabschnitt können aus der Abbildung leicht entnommen werden.

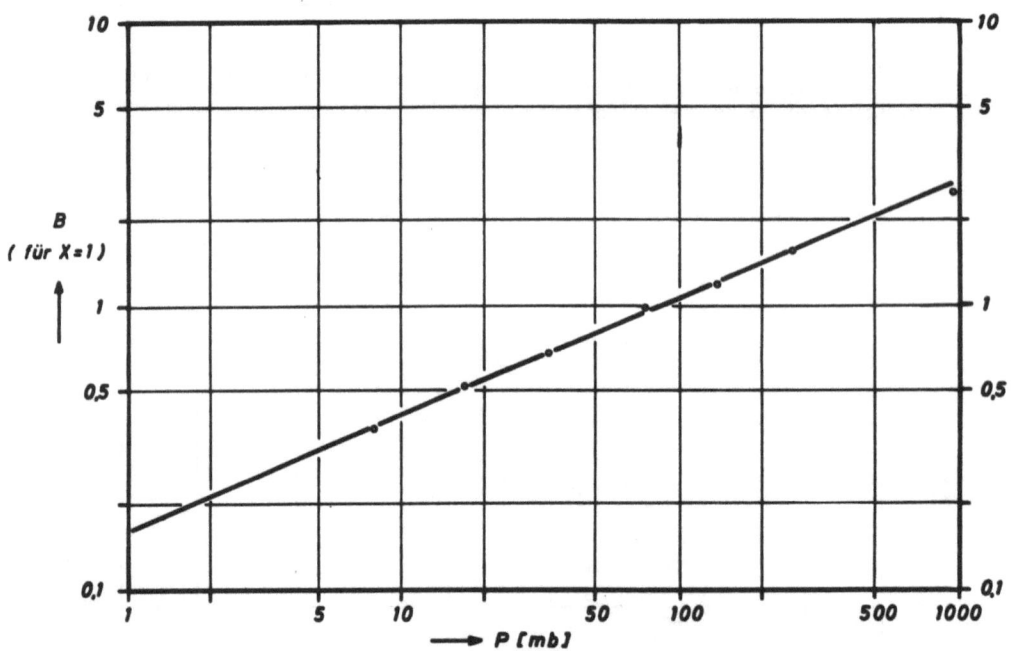

Abb. 21: Die Größe B (für x=1) als Funktion des Druckes P.

In Abb. 22 schließlich ist $\log K_1 (P)$ gegen $\log P$ aufgetragen. Auch hier lassen sich die Meßpunkte sehr gut durch eine Gerade anpassen, deren Gleichung lautet:

$$\log K_1 = 0,09 \cdot \log P + \log 0,52 \tag{20}$$

Durch Aufsuchen der entsprechenden Numeri folgt aus Gleichung (20)

$$K_1 = P^{0,09} \cdot 0,52 \tag{21}$$

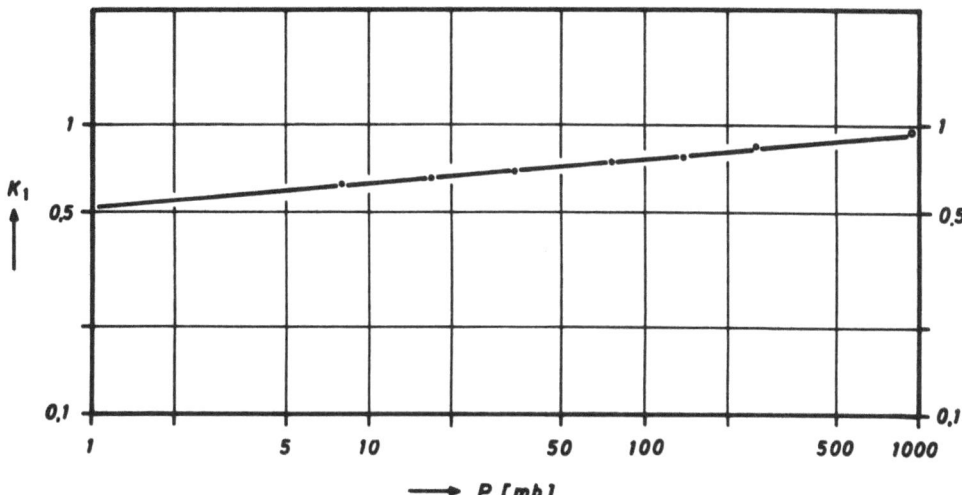

Abb. 22: Die Größe K_1 als Funktion des Druckes P.

Setzen wir jetzt K_1 und K_2 in Gleichung (18) ein, so ergibt sich

$$\log B = P^{0,09} \cdot 0,52 \cdot \log x + 0,41 \cdot \log P + \log 0,16 \tag{22}$$

und schließlich durch Aufsuchen der Numeri

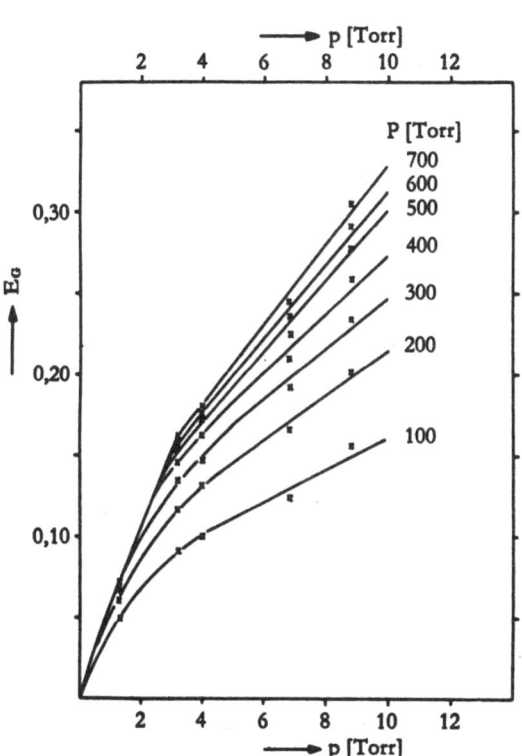

Abb. 23: Die Absorption von N_2O bei der Wellenlänge $7,7\mu$ in Abhängigkeit vom eigenen Druck und vom Gesamtdruck. Fremdgas: Luft (nach ECKERT-REESE).

$$B = x^{P^{0,09} \cdot 0,52} \cdot P^{0,41} \cdot 0,16 = |\log(1-A)| \tag{23}$$

Da $|\log(1-A)| = \alpha x$, läßt sich der Absorptionskoeffizient α als Funktion des Druckes folgendermaßen schreiben:

$$\alpha = \frac{x^{P^{0,09} \cdot 0,52} \cdot P^{0,41} \cdot 0,16}{x} \tag{24}$$

Diese Beziehung gilt natürlich nur, wie schon oben erwähnt, für Ozonmengen zwischen 0,01 und 0,1 cm.

Wir stellen fest, daß α nicht nur in komplizierter Weise vom Gesamtdruck abhängt, sondern auch von der jeweiligen Ozonmenge oder, was das gleiche ist, vom Ozonpartialdruck. Und zwar nimmt α bei konstantem Druck P mit zunehmender Ozonmenge x ab, oder anders ausgedrückt: die Absorption bei konstantem Gasdruck steigt mit zunehmendem Ozonpartialdruck immer langsamer an. Diese Druckabhängigkeit der Absorption im ultraroten Spektralbereich wurde erst kürzlich von G. ECKERT-REESE [1965] bei verschiedenen anorganischen und organischen Gasen bestätigt und ist aus Abb. 23 ersichtlich.

Die Druckabhängigkeit läßt sich folgendermaßen erklären: Ein Atom oder Molekül, das durch Absorption eines Lichtquants in einen angeregten Zustand übergegangen ist, kann seine Energie durch spontane Emission oder durch Stöße zweiter Art wieder abgeben. Ist die natürliche Lebensdauer des angeregten Zustands klein, d.h. die Übergangsrate durch spontane Emission groß im Vergleich zur Übergangsrate durch unelastische Stöße, so wird die Reemission der absorbierten Energie unabhängig von der Anzahl der Fremdpartikel und damit vom Druck sein. Da sich die Reemission der Absorption überlagert, wird auch die Absorption druckunabhängig sein, d.h. es gilt das Lambert-Beersche Gesetz. Dieser Fall liegt vor bei der Absorption von Lichtquanten durch Atome im ultravioletten und sichtbaren Spektralbereich. Hier handelt es sich um Elektronenübergänge und Lebensdauern der angeregten Zustände von etwa 10^{-8} sec.

Ist die natürliche Lebensdauer des angeregten Zustands groß gegenüber der Zeit, die zwischen Stößen zweiter Art verstreicht, d.h. die Übergangsrate durch spontane Emission klein im Vergleich zur Übergangsrate durch unelastische Stöße, wird das angeregte Atom oder Molekül seine Energie vorwiegend durch solche Stöße abgeben. Dieser Fall liegt vor bei der Absorption von Lichtquanten durch Moleküle im ultraroten Spektralbereich. Dabei werden die Moleküle zu Schwingungen angeregt. Die natürliche Lebensdauer dieser angeregten Zustände beträgt etwa 10^{-1} sec. Dem gegenüber haben wir bei einem Druck von 10 mb eine Stoßfrequenz der Gasmoleküle von $8 \cdot 10^7$ sec^{-1}. Der Wirkungsgrad, mit dem angeregte zweiatomige Moleküle, wie z.B. Sauerstoff, ihre Energie durch Stöße abgeben, beträgt nach HENRY [1932] etwa $5 \cdot 10^{-6}$; er dürfte jedoch für mehratomige Moleküle, wie z.B. das Ozonmolekül, höher liegen. Damit ergibt sich für einen Druck von 10 mb eine effektive Stoßfrequenz von $4 \cdot 10^2$ sec^{-1}. Das entspricht einer Zeitdauer zwischen zwei Stößen von $\approx 2,5 \cdot 10^{-3}$ sec, die klein gegenüber der natürlichen Lebensdauer der angeregten Moleküle ist. Wenn nun bei konstantem Gesamtdruck der Partialdruck des absorbierenden Gases erhöht wird, werden immer mehr Stöße zwischen absorbierenden Gasmolekülen stattfinden. Das heißt aber, die Anzahl der Stöße zweiter Art nimmt ab, und gleichzeitig wird die Wahrscheinlichkeit der Reemission erhöht.

Diese zunehmende Reemission bewirkt, daß mit steigendem Partialdruck des absorbierenden Gases die Absorption immer langsamer ansteigt. Ebenso läßt sich leicht erklären, weshalb bei konstantem Partialdruck des absorbierenden Gases die Absorption mit steigendem Gesamtdruck ansteigt: Je mehr Fremdmoleküle sich im Gasgemisch befinden, desto mehr Moleküle des absorbierenden Gases werden durch Stöße zweiter Art ihre Energie abgeben und dadurch eine Reemission verhindern. Das heißt aber, die Absorption steigt an.

Aus Gleichung (24) läßt sich nun der Absorptionskoeffizient α für jeden beliebigen Druck berechnen. In Tabelle 2 sind für die einzelnen Schichten der mittlere Druck P, die minimale und maximale Ozonmenge x, die Größe $|\log(1-A)|$ und der Absorptionskoeffizient α angegeben. Man sieht, daß der Absorptionskoeffizient am Erdboden etwa 3 mal so groß ist wie in 50 km Höhe. Für den ganzen Höhenbereich von 0 bis 50 km ergibt sich ein mittlerer Absorptionskoeffizient $\bar{\alpha}$ von etwa 1,8 bis 1,9 cm^{-1}. Dieser aus den Laborversuchen von STRONG [1941] ermittelte Wert liegt wesentlich höher als der aus unseren Absorptionsmessungen in der Erdatmosphäre abgeleitete Wert von $\bar{\alpha} = 0,45$ cm^{-1}. Benutzt man den Wert $\bar{\alpha} = 1,8$ cm^{-1} als Absorptionskoeffizienten, so erhält man mit Hilfe der in Lindau gemessenen Produkte $\bar{\alpha} \cdot x$ für den minimalen und maximalen Ozonbetrag in der Atmosphäre:

$$x = \frac{0,083}{1,8} \qquad bzw. \qquad x = \frac{0,160}{1,8}$$

oder $\qquad x \approx 0,05$ cm $\qquad$ bzw. $\qquad x \approx 0,09$ cm.

Solche niedrigen Werte sind noch an keinem Ort der Erde gemessen worden und müssen daher als falsch gelten.

Es stellt sich nun die Frage, wie die Diskrepanz zwischen den Lindauer atmosphärischen Messungen und den Strongschen Laborversuchen erklärt werden kann. Es liegt die Vermutung nahe, daß der Unterschied in einer Temperaturabhängigkeit der Absorptionsbande bei 9,6 μ zu suchen ist, da die Temperatur

Tabelle 2

Schicht	x [cm]	P [mb]	|log (1-A)|	α	α (mittel)
1	0,010 0,015	775	0,0312 0,0460	3,14 3,06	3,10
2	0,015 0,020	410	0,0444 0,0573	2,93 2,87	2,90
3	0,030 0,050	200	0,0744 0,1142	2,46 2,28	2,37
4	0,040 0,070	95	0,0831 0,1290	2,08 1,84	1,96
5	0,045 0,075	45	0,0786 0,1143	1,74 1,52	1,63
6	0,030 0,050	22	0,0511 0,0726	1,70 1,45	1,57
7	0,030 0,040	6	0,0391 0,0466	1,30 1,16	1,23
8	0,025 0,030	2	0,0275 0,0304	1,10 1,02	1,06

der atmosphärischen Ozonschicht bei -30°C bis -40°C liegt, während STRONG bei einer Zimmertemperatur von +28°C gemessen hat.

Die Gesamtintensität einer Rotations-Schwingungsbande hängt von der Übergangswahrscheinlichkeit, der Frequenz und von der Anzahl der Moleküle im Ausgangszustand ab. Die Besetzung des Ausgangszustands ist aber bei thermodynamischem Gleichgewicht gegeben durch den Boltzmannschen Energieverteilungssatz:

$$N = N_o \cdot e^{-\frac{\Delta E}{kT}}$$

Solange die Wärmeenergie des Moleküls kT klein gegen die Energiedifferenz ΔE zwischen Schwingungsgrundzustand und erstem angeregten Zustand ist, befinden sich praktisch alle Moleküle im Grundzustand. Im Fall des Ozons ist bei einer Energiedifferenz ΔE von 1042 cm^{-1} (9,6 μ) das Besetzungsverhältnis vom ersten zum nullten Schwingungszustand gegeben durch:

$$\frac{N}{N_o} \approx e^{\frac{-1042}{161}} = e^{-6,5} = 0,0015 \quad \text{für } 230°K$$

$$\frac{N}{N_o} \approx e^{\frac{-1042}{209}} = e^{-5,0} = 0,0067 \quad \text{für } 300°K$$

d.h. nur 1,5 °/oo bzw. 6,7 °/oo aller Moleküle befinden sich im ersten angeregten Zustand und die Absorption findet überwiegend vom Grundzustand aus statt. Die Intensität der Bande ist im angegebenen Temperaturbereich nahezu konstant und sollte mit steigender Temperatur abnehmen. Dem widersprechen sowohl unsere Lindauer Transmissionsmessungen als auch die Strongschen Laboruntersuchungen. Die Diskrepanz zwischen den beiden Ergebnissen bleibt also leider bestehen und kann nicht erklärt werden.

Die in Tabelle 2 aufgeführten α-Werte können jedoch für unser Schichtenmodell keinesfalls benutzt werden. An deren Stelle treten nun die Absorptionskoeffizienten, die aus dem in Lindau gemessenen mittleren Absorptionskoeffizienten $\bar{\alpha}$ unter Berücksichtigung der von STRONG gefundenen Druckabhängigkeit abgeleitet wurden. Die beste Anpassung ergeben die in Tabelle 3 aufgeführten Werte.

Die Anpassung erfolgt so, daß

$$\sum_{i=1}^{8} \alpha_i \cdot x_i = \bar{\alpha} x$$

ist. Diese Bedingung folgt aus der Tatsache, daß die Summe der Absorptionen in den einzelnen Schichten gleich der am Erdboden gemessenen Gesamtabsorption sein muß.

Tabelle 3

Schicht	α [cm^{-1}]
1	0,60
2	0,57
3	0,54
4	0,50
5	0,46
6	0,42
7	0,32
8	0,20

5.4 Vergleich der berechneten Strahlungsleistungen mit den tatsächlich gemessenen

Mit dieser Annahme sind in Gleichung (17) nunmehr alle Größen bekannt. Für die einzelnen Schichten sind die Absorptionskoeffizienten α_i mit Hilfe der Messungen von STRONG druckabhängig berechnet, die Ozonmengen x_i entsprechend der Jahreszeit und in Anpassung an den in Lindau gemessenen Gesamtozonbetrag angesetzt und die Planckschen Strahlungsfunktionen E_i durch Temperaturmessungen während der Berliner Ballonaufstiege bestimmt. Die Berechnung der gesamten bei der Wellenlänge 9,6 μ im Wellenlängenbereich $\Delta\lambda = 1\mu = 10^{-4}$ cm in den Einheitsraumwinkel ausgesandte Strahlungsleistung der atmosphärischen Ozonschicht soll im folgenden für einen Meßtag im einzelnen ausgeführt werden. Am 12. März 1964 wurden die in Tabelle 4 aufgeführten Absorptionswerte in Abhängigkeit vom Zenitwinkel der Sonne ϑ_h gemessen.

Die Extrapolation auf senkrechten Einfall der Sonnenstrahlung ($\vartheta_h = 0$) ergibt (s. Abb. 16):

$$|\log(1-A)| = \alpha x = 0,151 \quad \text{oder} \quad x = 0,335$$

Mit Hilfe dieses Ozonbetrages werden für die einzelnen Schichten folgende Werte (s. Tab. 5) angesetzt:

Tabelle 4

sec ϑ_h	A (%)	$|\log(1-A)|$
1,738	45,2	0,261
1,803	48,1	0,285
1,894	48,9	0,292
1,955	50,7	0,307
2,129	52,6	0,324
2,326	56,7	0,363
2,614	57,8	0,375
3,742	71,3	0,542

Tabelle 5

Schicht	α_i [cm^{-1}]	x_i [cm]	T_{mittel} [°K]	$E_{\lambda,T}$ erg/cm^2 sec ster	$\alpha_i x_i$
1	0,60	0,015	265°	2535	0,0090
2	0,57	0,020	233°	1155	0,0114
3	0,54	0,045	213°	628	0,0243
4	0,50	0,075	207°	512	0,0375
5	0,46	0,070	204°	460	0,0322
6	0,42	0,050	217°	716	0,0210
7	0,32	0,030	250°	1795	0,0096
8	0,20	0,030	268°	2710	0,0060

Damit ergibt sich:

$$I_{gesamt}(\lambda, T) \Delta\lambda = 2,3 \left[0,0090 \cdot 2535 + 0,0114 \cdot 1155 \cdot 10^{-0,0090} + 0,0243 \cdot 628 \cdot 10^{-0,0204} + \right.$$
$$+ 0,0375 \cdot 512 \cdot 10^{-0,0447} + 0,0322 \cdot 460 \cdot 10^{-0,0822} + 0,0210 \cdot 716 \cdot 10^{-0,1144} +$$
$$\left. + 0,0096 \cdot 1795 \cdot 10^{-0,1354} + 0,006 \cdot 2710 \cdot 10^{-0,1450} \right]$$

$$I_{gesamt}(\lambda, T) \Delta\lambda = 2,3 \left[22,82 + 12,90 + 14,56 + 17,32 + 12,96 + 11,55 + 12,62 + 11,64 \right]$$
$$= 2,3 \cdot 116,37 = 267,65 \; [\text{erg}/\text{cm}^2 \text{sec ster}]$$

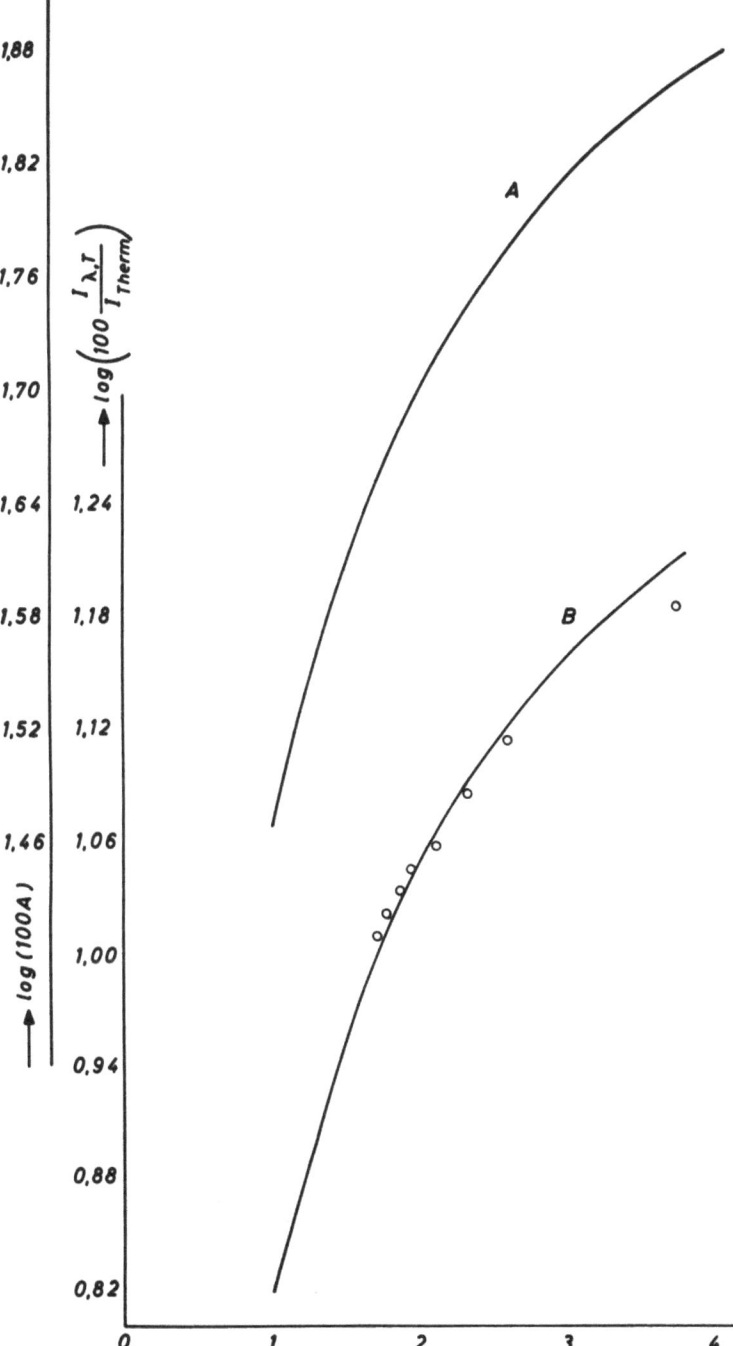

Das Thermoelement als Empfänger kann, bedingt durch den optischen Aufbau des Spektrometers, nur Strahlung aus einem Raumwinkel $\Omega = 0,0707$ empfangen. Der Eintrittsspalt nimmt eine Fläche von $0,18$ cm^2 ein. Damit errechnet sich der durch den Spalt eintretende Strahlungsfluß im Spektralbereich $\Delta\lambda = 10^{-4}$ cm zu:

$$\phi(\lambda, T) = 3,38 \; [\text{erg}/\text{sec}]$$

Die direkt gemessene Emission läßt sich aus der Abb. 24 ermitteln, in welcher der Logarithmus der Emission gegen sec ϑ_h aufgetragen ist. Es stellt sich nun die Frage, in welcher Weise die Meßpunkte auf den Wert bei sec $\vartheta_h = 1$, also bei senkrechtem Einfall, extrapoliert werden müssen. Bei der Lösung dieses Problems hilft nun folgende Überlegung: Wie weiter oben schon erörtert wurde, gilt für die untere Stratosphäre, also auch für die Ozonschicht, das Kirchhoffsche Gesetz:

$$I_{\lambda, T}(\text{Ozon}) = A_{\lambda, x}(\text{Ozon}) \cdot E_{\lambda, T} \quad (25)$$

Multiplizieren wir diese Gleichung auf beiden Seiten mit $1/I_{Therm.}$, wobei $I_{Therm.}$ die vom Thermoelement in den Raum abgestrahlte Energie ist, so erhalten wir:

$$\frac{I_{\lambda, T}(\text{Ozon})}{I_{Therm.}} = A_{\lambda, x}(\text{Ozon}) \cdot \frac{E_{\lambda, T}}{I_{Therm.}} \quad (26)$$

Der Quotient $I_{\lambda, T}/I_{Therm.}$ wird im Experiment gemessen, $A_{\lambda, x}$ ist durch die Absorptionsmessung bekannt, und der Quotient $E_{\lambda, T}/I_{Therm.}$ ist eine unbekannte Konstante.

Abb. 24: Emission und Absorption als Funktion des Zenitwinkels der Sonne

5.4

Durch Logarithmieren ergibt sich aus Gleichung (26):

$$\log \frac{I_{\lambda, T}(\text{Ozon})}{I_{\text{Therm.}}} = \log \left[A_{\lambda, x}(\text{Ozon}) \right] + \log \text{Konst.} \qquad (27)$$

d.h. der Logarithmus der gemessenen prozentualen Emission zeigt die gleiche Abhängigkeit vom Sekans des Zenitwinkels wie der Logarithmus der Absorption, und beide Kurven sind um den konstanten Faktor $\log E_{\lambda, T}/I_{\text{Therm.}}$ voneinander verschoben. Wir tragen also den Logarithmus der Absorption $\log (A_{\lambda, x}) = \log (1-10^{-\alpha x \sec \vartheta_h})$ gegen $\sec \vartheta_h$ auf (Kurve A in Abb. 24) und verschieben die Kurve in Richtung der Ordinate so lange, bis sie sich den Meßpunkten möglichst gut anpaßt (Kurve B). Dadurch erhalten wir auch den extrapolierten Wert der Emission für $\sec \vartheta_h = 1$. Für große Werte von $\sec \vartheta_h$ liegt die gemessene Emission unterhalb der theoretischen Kurve. Die Erklärung dafür ist, daß bei größeren Zenitwinkeln infolge der schnell anwachsenden Schichtdicke in zunehmendem Maße Selbstabsorption der emittierten Strahlung auftritt.

In Abb. 24 lesen wir ab, $\log I_{\lambda, T}(\text{Ozon}) / I_{\text{Therm.}} = 0{,}82$ oder ein Emissionsvermögen von 6,6 %. Die Strahlungsdichte des Thermoelements bei 298° K errechnet sich nach der Planckschen Funktion für eine Wellenlänge von 9,6 μ und für ein Wellenlängenintervall von 10^{-4} cm zu

$$I_{\text{Therm.}}(\lambda, T) \cdot \Delta\lambda = 4790 \ [\text{erg/cm}^2 \text{sec ster}]$$

Daraus folgt ein durch den Spalt austretender Strahlungsfluß von

$$\Phi_{\text{Therm.}}(\lambda, T) = 4790 \cdot 0{,}18 \cdot 0{,}0707 = 60{,}83 \ \text{erg/sec}$$

und der von der Ozonschicht emittierte Strahlungsfluß ergibt sich zu:

$$\Phi_{\text{gemessen}}(\text{Ozon}) = 60{,}8 \cdot 0{,}066 = 4{,}01 \ \text{erg/sec}$$

Ein Vergleich mit dem errechneten Wert zeigt, daß der gemessene Strahlungsfluß etwa 20 % über dem aus dem Modell errechneten liegt.

Der gemessene Strahlungsfluß Φ ist natürlich auch ein Maß für die mittlere Temperatur, unter der die Ozonschicht steht. Zur Bestimmung dieser Temperatur nehmen wir die Gleichung (26) zur Hilfe. Da sowohl der Quotient $I_{\lambda, T}(\text{Ozon})/I_{\text{Therm.}}$ als auch $A_{\lambda, x}(\text{Ozon})$ aus dem Experiment bekannt sind, kann die unbekannte Strahlungsdichte $E_{\lambda, T}$ bei der Wellenlänge 9,6 μ für ein Wellenlängenintervall von 10^{-4} cm berechnet werden. Sie ergibt sich in dem untersuchten speziellen Fall zu:

$$E_{\lambda, T} = \frac{0{,}066 \cdot 4790}{0{,}294} = 1075 \ [\text{erg/cm}^2 \text{sec ster}]$$

Das entspricht nach dem Planckschen Gesetz einer mittleren Temperatur der Ozonschicht von T = 231°K.

In gleicher Weise können wir auch aus der berechneten Strahlungsleistung der Ozonschicht eine mittlere Temperatur ableiten. Wir erhalten dann:

$$E_{\lambda, T} \text{ (berechnet)} = 905 \ [\text{erg/cm}^2 \text{sec ster}]$$

oder $\qquad\qquad$ T (berechnet) = 225° K.

Die aus dem am Erdboden gemessenen Strahlungsfluß abgeleitete Temperatur liegt etwa 3 % höher als die aus dem Modell errechnete.

Tabelle 6

Datum	$I_{berechn.}$	$T_{berechn.}$	$I_{gemessen}$	$T_{gemessen}$
12. 6.63	4,28	236°	5,96	248°
22. 7.63	4,64	236°	5,75	245°
1. 8.63	4,68	237°	6,14	247°
2. 8.63	4,46	236°	5,47	243°
30. 8.63	3,94	235°	5,10	244°
16. 9.63	3,79	232°	4,84	241°
18. 9.63	3,81	232°	4,14	236°
25.10.63	2,98	230°	4,01	241°
26.10.63	3,11	229°	3,83	237°
28.10.63	3,23	229°	3,40	230°
29.10.63	3,03	229°	3,65	235°
31.10.63	2,95	229°	3,65	237°
3.12.63	2,57	228°	3,65	241°
4.12.63	3,03	226°	3,16	226°
4. 1.64	2,36	230°	3,40	244°
15. 1.64	2,54	228°	3,04	235°
17. 1.64	2,82	225°	3,40	231°
20. 1.64	2,61	227°	3,22	234°
7. 2.64	2,62	225°	3,28	234°
14. 2.64	2,32	225°	3,22	236°
20. 2.64	3,25	225°	3,83	231°
21. 2.64	3,16	225°	3,59	229°
12. 3.64	3,38	225°	4,01	231°
16. 3.64	3,10	226°	4,11	236°
18. 3.64	3,70	227°	3,65	227°
19. 3.64	3,73	227°	4,50	234°
10. 4.64	4,36	232°	5,23	238°
17. 4.64	3,89	232°	4,99	241°
27. 4.64	4,12	232°	5,29	242°
25. 5.64	4,52	235°	6,08	246°

In Tabelle 6 sind für die einzelnen Meßtage die gemessenen und berechneten Strahlungsleistungen gegenübergestellt. Ferner sind die aus den Strahlungsleistungen abgeleiteten mittleren Temperaturen der Ozonschicht angegeben.

Aus der Tabelle 6 geht hervor, daß die gemessenen Strahlungsleistungen mit einer einzigen Ausnahme immer größer als die berechneten sind, und zwar im Mittel um 20 %. Entsprechend liegen die gemessenen Temperaturen durchschnittlich um 5 % höher als die berechneten. Diese Diskrepanz zwischen gemessenen und berechneten Werten könnte folgende Gründe haben:

1.) Die Einteilung der Atmosphäre bis in eine Höhe von 50 km in acht Schichten ist zu grob, da vor allem in den unteren Schichten der Temperaturgradient sehr groß ist und somit der Ansatz einer mittleren Temperatur pro Schicht einen beträchtlichen Fehler mit sich bringen kann. Es wurde daher für den 12. März 1964 folgendes 13-Schichtenmodell zum Vergleich angesetzt:

Schicht	Höhenbereich in km	Ozonmenge	Absorpt. Koeff. α_i	$\alpha_i x_i$	Temp. in °K	$E_{\lambda, T}$ [erg/cm^2 sec ster]
1	0 - 2,5	0,0060	0,610	0,0037	274	3070
2	2,5 - 5,0	0,0080	0,595	0,0048	257	2125
3	5,0 - 7,5	0,0085	0,580	0,0048	241	1435
4	7,5 - 10,0	0,0100	0,565	0,0056	228	1002
5	10,0 - 12,5	0,0175	0,550	0,0096	218	739
6	12,5 - 15,0	0,0300	0,53	0,0159	212	608
7	15 - 20	0,075	0,49	0,0368	207	512
8	20 - 25	0,070	0,45	0,0315	205	475
9	25 - 30	0,050	0,41	0,0205	217	716
10	30 - 35	0,025	0,36	0,0090	239	1360
11	35 - 40	0,020	0,30	0,0060	254	1980
12	40 - 45	0,010	0,24	0,0024	262	2375
13	45 - 50	0,005	0,18	0,0009	270	2825

Daraus errechnet sich nun der durch den Spalt eintretende Strahlungsfluß bei der Wellenlänge 9,6 µ im Spektralbereich $\Delta \lambda = 10^{-4}$ cm zu

$$\Phi (\lambda, T) = 3,32 \text{ erg/sec}.$$

Ein Vergleich dieses Wertes mit dem Ergebnis des 8-Schichtenmodells zeigt, daß eine Aufteilung der Atmosphäre in dünnere und damit homogenere Schichten nicht zu einer höheren Strahlungsleistung führt. Man kann also das 8-Schichtenmodell als eine gute Näherung der tatsächlichen Verhältnisse ansehen.

2.) Die im Schichtenmodell benutzten Temperaturen, die über Berlin gemessen wurden, stimmen nicht mit den Temperaturen über Lindau überein. Um eine Anpassung der berechneten an die gemessenen Strahlungsleistungen zu erzielen, müßten für die einzelnen Schichten um $6°$ - $8°$ höhere Temperaturen angesetzt werden. Diese Annahme ist aber sicherlich nicht gerechtfertigt, da ein Vergleich der Temperaturmessungen von Berlin mit denen anderer meteorologischer Stationen wie Hannover, Stuttgart, Köln und München zeigt, daß die Temperaturunterschiede am Erdboden maximal $5°$ betragen und zu größeren Höhen hin abnehmen.

3.) Das Thermoelement empfängt bei der Emissionsmessung über das Spiegelsystem nicht nur Strahlung von der atmosphärischen Ozonschicht, sondern auch irgendwelche Zusatzstrahlung aus der Umgebung des Heliostaten, sei es von der Fassung des als Eintrittsblende benutzten Parabolspiegels (Abb. 7), sei es von anderen Teilen des Heliostaten, was immer dann der Fall wäre, wenn die Fläche des Parabolspiegels vom Planspiegel nicht voll ausgeleuchtet wird. Solche Zusatzstrahlung kann jedoch nur dann das Thermoelement erreichen, wenn der Öffnungswinkel des Heliostatensystems kleiner ist als derjenige des Spektrographen. Der Öffnungswinkel u des äußeren Spiegelsystems ist durch den Radius R und die Brennweite f des Parabolspiegels bestimmt:

$$\operatorname{tg} u = \frac{R}{f},$$

wenn der Spiegel voll ausgeleuchtet wird. Das ist aber nicht immer der Fall, da der Querschnitt des vom Planspiegel in Richtung auf den Parabolspiegel reflektierten Lichtbündels mit der Sonnendeklination δ variiert. Der Reflexionswinkel $\varphi/2 = \frac{90 - \delta}{2}$ (Abb. 8) hat für $\delta = -23,5°$ sein Maximum.

Der Durchmesser des reflektierten Lichtbündels in der Einfallsebene errechnet sich dann zu

$$d_1 = d \cdot \cos 56°45' \approx 39 \cdot 0,55 = 21,45 \text{ cm}$$

wenn d der Durchmesser des Planspiegels ist. Da der Parabolspiegel gegen die Einfallsebene ebenfalls um etwa $20°$ geneigt ist, verringert sich der Durchmesser des Lichtbündels auf

$$d_2 = d_1 \cdot \cos 20° \approx 21,45 \cdot 0,94 = 20,16 \text{ cm}.$$

Der kleinste Öffnungswinkel des Spiegelsystems ergibt sich somit zu

$$\operatorname{tg} u = \frac{R}{f} \approx \frac{10,08}{100} = 0,1008$$

$$u = 5°45'$$

Die Eintrittsblende des Spektrographen ist durch den Spiegel M_1 in Abb. 9 gegeben, der einen Durchmesser von 6 cm und eine Brennweite von 28 cm hat. Ferner ist der Spiegel um etwa $20°$ gegen die Einfallsebene geneigt. Damit errechnet sich der Öffnungswinkel u' des Spektrographen zu

$$\operatorname{tg} u' \approx \frac{3}{28} \cdot \cos 20° \approx \frac{3}{28} \cdot 0,94 \approx 0,1007$$

$$u' \approx 5°45'$$

Im ungünstigsten Fall wird also der Öffnungswinkel des Heliostatensystems gleich dem des Spektrographen sein, in allen anderen Fällen ist er größer. Das heißt aber, daß das Thermoelement neben dem Inneren des Gehäuses nur den Himmel sieht und keine Zusatzstrahlung aus der Umgebung empfangen kann.

4.) Eine weitere Erklärung für die Diskrepanz zwischen gemessenen und berechneten Emissionswerten wäre, daß das Thermoelement nicht als schwarzer Strahler angesehen werden kann. Würde es sich um einen grauen Strahler handeln, so wäre die im interessierenden Wellenlängenbereich abgestrahlte Energie geringer als bisher angesetzt und somit auch die von der Ozonschicht emittierte, in Einheiten der Thermoelement-Ausstrahlung gemessene Energie geringer. Um Übereinstimmung mit den berechneten Werten zu erreichen, müßte das Thermoelement als ein grauer Strahler angesehen werden, dessen Absorptions- und damit auch Emissionsvermögen nur 80 % eines schwarzen Körpers beträgt. Eine solche relativ große Abweichung vom absoluten Strahler scheint jedoch sehr unwahrscheinlich, weil sich das Thermoelement in einem thermostatisch geheizten, mit schwarzen Wänden ausgestatteten Kasten befindet, dessen einzige Öffnung der 1,5 mm breite und 12 mm hohe Spalt ist.

Wie schon weiter oben erwähnt, ist die Auswertung des Emissionsspektrums mit dem sehr großen Fehler von etwa 15 % behaftet. Mit Hilfe einer empfindlicheren Meßapparatur wäre es möglich, den Ausschlag des Kompensationsschreibers wesentlich zu erhöhen und damit auch die Fehlergrenze herabzudrücken. Vermutlich liegt hier die Hauptursache für die Diskrepanz zwischen gemessenen und berechneten Werten.

6. Zusammenfassung

Die Meßapparatur besteht aus einem Heliostaten und einem Infrarotspektrographen, gekoppelt mit entsprechendem Verstärker, mechanischem Gleichrichter und Kompensationsschreiber. Der Heliostat wurde so konstruiert, daß er an Orten verschiedener geographischer Breite verwendbar ist.

Mit dieser Apparatur wurden an wolkenlosen Tagen die Emissionsspektren der Sonne und der Erdatmosphäre im Wellenlängenintervall zwischen 8μ und 11μ bei verschiedenen Zenitwinkeln der Sonne gemessen und die jeweilige prozentuale Absorption bzw. Emission der atmosphärischen Ozonschicht ermittelt.

Unter der Annahme der Gültigkeit des Lambert-Beerschen Gesetzes ergab sich aus der gemessenen atmosphärischen Transmission das Produkt von Absorptionskoeffizient $\bar{\alpha}$ und Ozonbetrag x; $\bar{\alpha}$ stellt hierbei einen mittleren Absorptionskoeffizienten dar.

Im Ultraroten ist der Absorptionskoeffizient eine Funktion des Druckes P und damit der Höhe h über dem Erdboden. Stellt man sich die Atmosphäre bis in eine Höhe von 50 km in eine beliebige Anzahl von homogenen Schichten aufgeteilt vor, so hängt die Absorption in den einzelnen Schichten vom jeweiligen Absorptionskoeffizienten α_i und der Ozonmenge x_i ab. Durch Summation über alle Schichten erhält man die Gesamtabsorption, die vom Gesamtozonbetrag x und einem mittleren Absorptionskoeffizienten $\bar{\alpha}$ abhängt. Dieser mittlere Absorptionskoeffizient ist also definiert durch die Gleichung

$$\bar{\alpha} \cdot x = \alpha_1 x_1 + \alpha_2 x_2 + \ldots$$

Es konnte gezeigt werden, daß $\bar{\alpha}$ auch unter Berücksichtigung der jahreszeitlichen Schwankungen des Ozonbetrages x hinreichend konstant bleibt. Somit ergab sich die Möglichkeit, aus den gemessenen Produkten $\bar{\alpha} \cdot x$ den Ozonbetrag x abzuleiten.

Um die von der Ozonschicht emittierte Strahlungsleistung zu berechnen, wurde ein 8-Schichtenmodell der Atmosphäre angesetzt. Die Ozonmengen x_i in den verschiedenen Schichten wurden unter Berücksichtigung des jahreszeitlichen Ganges so vorgegeben, daß ihre Summe gleich dem in der Absorptionsmessung gefundenen Ozonbetrag x war. Die Absorptionskoeffizienten α_i in den einzelnen Schichten wurden nach den Ergebnissen der Strongschen Labormessungen berechnet. Die so errechneten Werte sind allerdings

6.

um einen Faktor 4 zu hoch. Diese Diskrepanz blieb ungeklärt. Deshalb wurde nur die von STRONG ermittelte Druckabhängigkeit benutzt, und zwar mit einem anderen Faktor, der dem in Lindau gemessenen mittleren Absorptionskoeffizienten α angepaßt wurde.

Ein Vergleich der mit diesen Konstanten berechneten Strahlungsleistungen der Atmosphäre mit den gemessenen zeigte, daß letztere fast immer um 20 bis 30% höher lagen. Verschiedene mögliche Ursachen für diese Diskrepanz wurden diskutiert, aber keine konnte als eindeutige Erklärung herangezogen werden. Es sprach allerdings manches dafür, daß zu geringe Empfindlichkeit der Meßapparatur bei der Registrierung des Emissionsspektrums der Erdatmosphäre die Hauptursache für die Diskrepanz ist.

Die Meßergebnisse zeigen, daß die über einem Ort befindliche Gesamtozonmenge trotz der Druckabhängigkeit des Absorptionskoeffizienten im Ultraroten mit einiger Genauigkeit aus den Absorptionsspektren ermittelt werden kann. Unbefriedigend ist beim Ansatz des Ozonschichtenmodells die ungenaue Kenntnis der Temperatur, der Ozonkonzentration und des Absorptionskoeffizienten in den einzelnen Schichten. Durch Ballonaufstiege, die gleichzeitig mit den Ultrarotregistrierungen stattfinden müßten, könnten Ozonkonzentration und -temperatur in den entsprechenden Schichten direkt bestimmt werden. Die unbekannten Absorptionskoeffizienten ergäben sich dann mit Hilfe der am Erdboden bei verschiedenen Zenitwinkeln gemessenen Strahlungsleistungen aus einem System von i-Gleichungen, wenn i die Anzahl der Schichten ist.

Dem verstorbenen Direktor des Instituts, Herrn Professor Dr. J. Bartels, bin ich für die Möglichkeit, im Institut für Stratosphärenphysik am Max-Planck-Institut für Aeronomie, Lindau, arbeiten zu können, zu großem Dank verpflichtet.

Die Messung der solaren sowie der atmosphärischen Ultrarotstrahlung im Wellenlängenbereich zwischen $8\,\mu$ und $11\,\mu$ wurde auf Anregung von Herrn Professor Dr. H.K. Paetzold begonnen. Nach seinem Ausscheiden aus dem Institut übernahm Herr Professor Dr. A. Ehmert die wissenschaftliche Betreuung. Ihm vor allem danke ich herzlich für die vielen Anregungen und sein ständiges Interesse am Fortgang der Arbeit.

Den Mitarbeitern des Instituts, insbesondere Herrn Dr. G. Pfotzer, danke ich für wertvolle Diskussionen, die meine Arbeit förderten.

Ferner gilt mein aufrichtiger Dank unserer Werkstatt für die große Hilfe bei der Konstruktion und für die exakte Ausführung des Heliostatensystems.

Die Arbeit wurde durch Sachmittel der Deutschen Forschungsgemeinschaft unterstützt, der ich ebenfalls meinen Dank aussprechen möchte.

Summary

The apparatus consists of a coelostat and an infrared spectrometer coupled with an appropriate amplifier, mechanical rectifier and a recorder. The coelostat was constructed for use at stations of different geographical latitude.

With this apparatus the emission spectra of the sun and the earth's atmosphere between $8\,\mu$ and $11\,\mu$ wave-length were measured on clear days at different zenith angles of the sun and the percentage absorption and emission, respectively, of the atmospherical ozone layer were computed.

Assuming the validity of the Lambert-Beer law the measured atmospherical transmission yielded the product of the absorption coefficient $\bar{\alpha}$ and the total amount of ozone x ; $\bar{\alpha}$ is a mean absorption coefficient.

In the infrared the absorption coefficient is a function of pressure P and hence of the height h above the ground. Imagine the atmosphere up to a height of 50 km to be divided into any given number of homogeneous layers, the absorption in each layer depends upon the respective absorption coefficient α_i and the amount of ozone x_i. A summation over all layers yields the total absorption which depends on the total amount of ozone x and on a mean absorption coefficient $\bar{\alpha}$. This mean absorption coefficient is defined by the equation

$$\bar{\alpha} \cdot x = \alpha_1 x_1 + \alpha_2 x_2 + \ldots$$

It was shown that $\bar{\alpha}$ is sufficiently constant even in consideration of the seasonal variations of the total amount of ozone x. Therefore, it was possible to derive the total amount of ozone x from the measured products $\bar{\alpha} \cdot x$.

To calculate the radiation power emitted by the ozone layer a model of eight layers of the earth's atmosphere was introduced. The amount of ozone x_i in each layer was assumed, in consideration of the seasonal variation, so that their sum was equal to the total amount of ozone x measured by absorption. The absorption coefficients α_i in each layer were calculated from the results of Strong's laboratory experiments. The values so computed were too high by a factor of four. This discrepancy remained unsettled. For this reason only the dependence on pressure found by Strong was used but with another factor, which was adapted to the mean absorption coefficient $\bar{\alpha}$ measured in Lindau.

The measured radiation nearly always exceeded the radiation of the earth's atmosphere calculated with the aid of these constants by 20 to 30 per cent. Different causes eventually responsible for this discrepancy were discussed, but none could explain it conclusively. Nevertheless, various considerations pointed to the low sensitivity of the apparatus in recording the emission spectrum of the earth's atmosphere as being the main cause of the discrepancy.

The results show that the total amount of ozone above a station, in spite of the dependence on pressure of the absorption coefficient in the infrared, can be derived with some accuracy from the absorption spectra. In considering the model of ozone layers the inexact knowledge of the temperature, of the concentration of ozone and of the absorption coefficient in each layer is undesirable. With the aid of balloon flights simultaneous with the infrared records the concentration of ozone and the temperature in each layer could be measured directly. Then the unknown absorption coefficients could be derived with the aid of the radiation measured on the ground at different zenith angles from a system of i equations, where i is the number of layers.

Literaturverzeichnis

ADEL, A.: Atmospheric temperatures from infrared emission spectra of the moon and earth. I. The ozone layer. - Astrophys. J. 105, 406-407 (1947)

ADEL, A.: The emission spectra of the earth's surface, the troposphere and the lower stratosphere. - Centenary Symposium Proc. Roy. Meteorol. Soc., 5-8 (1950)

BARBIER, D., D. CHALONGE et E. VASSY: Influence de la température de la stratosphère sur le spectre de l'ozone. - Rev. Opt. 14, 425-435 (1935)

BENNETT, H. E., J. M. BENNETT, and M. R. NAGEL: Distribution of infrared radiance over a clear sky. - J. Optical Soc. Amer. 50, 100-106 (1960)

CHAPMAN, S.: A theory of upper-atmospheric ozone. - Mem. Roy. Meteorol. Soc. 3, 103-125 (1930)

CRAIG, R. A.: The observations and photochemistry of atmospheric ozone and their meteorological significance. - Met. Mon. Amer. Meteorol. Soc. 1, No. 2 (1950)

DOBSON, G. M. B.: A photoelectric spectrophotometer for measuring the amount of atmospheric ozone. - Proc. Physical Soc. 43, 324-339 (1931)

DOBSON, G. M. B. and D. N. HARRISON: Measurements of the amount of ozone in the earth's atmosphere and its relation to other geophysical conditions. - Proc. Roy. Soc. A 110, 660-693 (1926)

DÜTSCH, H. U. and C. L. MATEER: Uniform evaluation of Umkehr observations from the world ozone network. - National Center for Atm. Res., Boulder, Col., Addendum 2 (1965)

ECKERT-REESE, G.: Der Druckverbreiterungseffekt und die IR-spektrographische Analyse von Gasen. - Forschungsber. d. Landes Nordrhein-Westf., Westdeutscher Verlag, Köln und Opladen (1965)

EHMERT, A.: Ein einfaches Verfahren zur Messung kleinster Jodkonzentrationen, Jod- und Natriumthiosulfatmengen in Lösungen. - Z. Naturforschung 4b, 321-327 (1949)

FABRY Ch. et H. BUISSON: L'absorption de l'ultra-violet par l'ozone et la limite du spectre solaire. - J. Phys. Radium, Ser. 5, 3, 196-206 (1913)

FABRY, Ch. et H. BUISSON: Etude de l'extrémité ultra-violette du spectre solaire. - J. Phys. Radium, Ser. 6, 2, 197-226 (1921)

FOWLER, A. and Hon. R. J. STRUTT: Absorption bands of atmospheric ozone in the spectra of sun and stars. - Proc. Roy. A, 93, 577-586 (1917)

GÖTZ, F. P. W.: Das atmosphärische Ozon (der Umkehreffekt) aus "Ergebnisse der kosmischen Physik", Band I, 203-205 (1931)

GÖTZ, F. P. W., A. R. MEETHAM and G. M. B. DOBSON: The vertical distribution of ozone in the atmosphere. - Proc. Roy. Soc. A, 145, 416-446 (1934)

HENRY, P. S. H.: The energy exchanges between molecules. - Proc. Camb. Phil. Soc. 28, 249-255 (1932)

HETTNER, G., R. POHLMANN und H. J. SCHUMACHER: Die Struktur des Ozon-Moleküls und seine Banden im Ultrarot. - Z. Physik 91, 372-385 (1935)

INN, E. C. Y. and Y. TANAKA: Absorption coefficient of ozone in the ultraviolet and visible regions. - J. Opt. Soc. Amer. 43, 870-873 (1953)

KARANDIKAR, R. V. and K. R. RAMANATHAN: Vertical distribution of atmospheric ozone in low latitudes. - Proc. Indian Acad. Sci. A, 29, 330-348 (1949)

LINK, F.: Théorie photométrique des éclipses de lune. - Bull. Astron. 8, 77-108 (1932)

LINK, F.: Exploration de la haute atmosphère à l'aide des éclipses de lune. - Ann. Géophys. 4, 211-231 (1948)

MILNE, E.A.:	Thermodynamics of the stars, c) the transmission of radiation and the theory of radiative equilibrium. - Handbuch der Astrophysik, III, 96-172, Berlin: Springer (1930)
PAETZOLD, H.K.:	Über die Photochemie der Erdatmosphäre unter besonderer Berücksichtigung der Ozonschicht. - Habilitationsschrift, Technische Hochschule München (1955)
REGENER, E. und V.H. REGENER:	Aufnahme des ultravioletten Sonnenspektrums in der Stratosphäre und vertikale Ozonverteilung. - Phys. Z. 35, 788-793 (1934)
SCHRÖPL, H.:	Über eine Neubestimmung des Absorptionskoeffizienten von Ozon im Ultraviolett bei kleinen Konzentrationen. - Mitteilungen aus dem Max-Planck-Institut für Aeronomie, Nr. 5 (1961)
SHAND, W. and R.A. SPURR:	The molecular structure of ozone. - J. Amer. Chem. Soc. 65, 179-181 (1943)
SHAW, J.H.:	Final Report, Contract AF 19(122)-65, Ohio State University (1954)
SPITZER, L.:	The atmospheres of the earth and planets. - Chicago University Press (1949)
STRONG, J.:	On a new method of measuring the mean height of the ozone in the atmosphere. - J. Franklin Inst. 231, 121-155 (1941)
SUTHERLAND, G.B.B.M. and W.G. PENNEY:	On the assignment of the fundamental vibration frequencies in O_3, F_2O, Cl_2O, NO and N_3^-. - Proc. Roy. Soc. London, 156, 678-686 (1936)
VASSY, E.:	Influence de la température sur le spectre d'absorption de l'ozone. - Comptes Rendus Acad. Sci., Paris, 202, 1426-1428 (1935)
VASSY, E.:	Sur quelques propriétés de l'ozone et leurs conséquences géophysiques. - Ann. Phys., Paris, Ser. 11, 8, 679-775 (1937)
VASSY, A.:	Sur l'absorption atmosphérique dans l'ultra-violet. - Ann. Phys., Ser. 11, 16, 145-203 (1941)
VIGROUX, E.:	Contribution à l'étude expérimentale de l'absorption de l'ozone. - Ann. Phys., Ser. 12, 8, 709-762 (1953)
ZENER, C.:	Interchange of translational, rotational and vibrational energy in molecular collisions. - Phys. Rev. 37, 556-569 (1931)
ZENER, C.:	Low velocity inelastic collisions. - Phys. Rev. 38, 277-281 (1931)

Verzeichnis der Mitteilungen aus dem Max-Planck-Institut für Physik der Stratosphäre

Nr. 1/1953   Über den Beitrag der von μ-Mesonen angestoßenen Elektronen zu den Ultrastrahlungsschauern unter Blei. G. Pfotzer

Nr. 2/1954   Ein Zählrohrkoinzidenzgerät zur Registrierung der kosmischen Ultrastrahlung. A. Ehmert

Eine einfache Methode zur Einstellung und Fixierung des Expansionsverhältnisses von Nebelkammern. G. Pfotzer

Nr. 3/1954   Optische Interferenzen an dünnen, bei $-190^0 C$ kondensierten Eisschichten. Erich Regener (vergriffen)

Nr. 4/1955   Über die Messung der Temperatur des atmosphärischen Ozons mit Hilfe der Huggins-Banden. H. Zschörner und H. K. Paetzold

Nr. 5/1956   Ein neuer Ausbruch solarer Ultrastrahlung am 23. Februar 1956. A. Ehmert und G. Pfotzer, vergriffen (erschienen Z. Naturforschung 11a, 322, 1956)

Nr. 6/1956   Das Abklingen der solaren Ultrastrahlung beim Ausbruch am 23. Februar 1956 und die geomagnetischen Einfallsbedingungen. A. Ehmert und G. Pfotzer

Nr. 7/1956   Die Impulsverteilung der solaren Ultrastrahlung in der Abklingphase des Strahlungseinbruches am 23. Februar 1956. G. Pfotzer

Nr. 8/1956   Die atmosphärischen Störungen und ihre Anwendung zur Untersuchung der unteren Ionosphäre. K. Revellio

Nr. 9/1956   Solare Ultrastrahlung als Sonde für das Magnetfeld der Erde in großer Entfernung. G. Pfotzer

*

Die vorstehenden Hefte können beim Max-Planck-Institut für Aeronomie, 3411 Lindau angefordert werden.

Mitteilungen aus dem Max-Planck-Institut für Aeronomie

Nr. 1 (S) Waibel: Messungen von Primärteilchen der kosmischen Strahlung.

Nr. 2 (S) Erbe: Auswirkung der Variationen der primären kosmischen Strahlung auf die Mesonen- und Nukleonenkomponente am Erdboden.

Nr. 3 (I) Kohl: Bewegung der F-Schicht der Ionosphäre bei erdmagnetischen Bai-Störungen.

Nr. 4 (I) Becker: Tables of ordinary and extraordinary refractive indices, group refractive indices and $h'_{o,x}(f)$-curves or standard ionospheric layer models.

Nr. 5 (S) Schröpl: Über eine Neubestimmung des Absorptionskoeffizienten von Ozon im Ultraviolett bei kleinen Konzentrationen.

Nr. 6 (S) Erbe: Ergebnisse der Ballonaufstiege zur Messung der kosmischen Strahlung in Weissenau und Lindau.

Nr. 7 (S) Meyer: Elektromagnetische Induktion eines vertikalen magnetischen Dipols über einem leitenden homogenen Halbraum.

Nr. 8 (I u. S) Dieminger und Mitarb.: Die geophysikalischen Ereignisse des 12. - 14. November 1960.

Nr. 9 (S) Pfotzer, Ehmert, and Keppler: Time Pattern of Ionizing Radiation in Balloon Altitudes in High Latitudes.
Part A, Text; Part B, Figures and Diagrams.

Nr. 10 (S) Waibel: Eine Ballonsonde zur Messung von Röntgenstrahlung und solarer Ultrastrahlung.

Nr. 11 (S) Voelker: Zur Breitenabhängigkeit erdmagnetischer Pulsationen.

Nr. 12 (S) Jaeschke: Registrierung von Pulsationen im südlichen Niedersachsen als Beitrag zur erdmagnetischen Tiefensondierung.

Nr. 13 (S) Meyer: Elektromagnetische Induktion in einem leitenden homogenen Zylinder durch äußere magnetische und elektrische Wechselfelder.

Nr. 14 (S) Kremser: Über den Zusammenhang zwischen Röntgenstrahlungs-Ausbrüchen in der Polarlichtzone und bayartigen erdmagnetischen Störungen.

Nr. 15 (S) Keppler: Messung von Röntgenstrahlung und solaren Protonen mit Ballongeräten in der Nordlichtzone.

Nr. 16 (S) Kirsch: Die Anisotropien der kosmischen Strahlung.

Nr. 17 (S) Guilino: Ausbau eines Wechsellichtmonochromators und seine Anwendung zur Messung des Luftleuchtens während der Dämmerung und in der Nacht.

Nr. 18 (S) Pfotzer and Ehmert: Measurements of High Energetic Auroral Radiations with Balloon-Borne Detectors in 1962 and 1963
Part A to C, Text; Part D, Figures and Diagrams.

Nr. 19 (I) Hartmann: Bestimmung wichtiger Satellitenpositionen mit Hilfe graphischer Darstellungen.

Nr. 20 (S) Keppler: Über die Eigenschaften von Zählrohren und Ionisationskammern in verschiedenartigen Strahlungsfeldern. - Zur Interpretation von Röntgenstrahlungsmessungen in Ballonhöhe in der Nordlichtzone.

Nr. 21 (S) Siebert: Zur Theorie erdmagnetischer Pulsationen mit breitenabhängigen Perioden.

Nr. 22 (S) Meyer: Zur 27 täglichen Wiederholungsneigung der erdmagnetischen Aktivität, erschlossen aus den täglichen Charakterzahlen C 8 von 1884-1964.

Nr. 23 (S) Frisius: Über die Bestimmung von Längstwellen - Ausbreitungsparametern aus Feldstärkemessungen am Erdboden.

Nr. 24 (I) Ma: Einfluß der erdmagnetischen Unruhe auf den brauchbaren Frequenzbereich im Kurzwellen-Weitverkehr am Rande der Nordlichtzone.

Nr. 25 (S) Kremser, Keppler, Bewersdorff, Saeger, Ehmert, Pfotzer, Riedler, Legrand: X - Ray Measurements in the Auroral Zone from July to October 1964.

Nr. 26 (I) Stubbe: Theoretische Beschreibung des Verhaltens der nächtlichen F-Schicht.

Nr. 27 (S) Wilhelm: Registrierung und Analyse erdmagnetischer Pulsationen der Polarlichtzone, sowie ein Vergleich mit Bremsstrahlungsmessungen.

Nr. 28 (S) Fabian: Über eine neue Ozonradiosonde und Untersuchung von Lufttransporten in der unteren Stratosphäre.

If you have any concerns about our products,
you can contact us on
ProductSafety@springernature.com

In case Publisher is established outside the EU,
the EU authorized representative is:
**Springer Nature Customer Service Center GmbH
Europaplatz 3, 69115 Heidelberg, Germany**

Printed by Libri Plureos GmbH
in Hamburg, Germany